U0284969

2023年上海市重点图书

智慧地下基础设施体系规划研究与实践

——以广州南沙横沥岛尖为例

Smart Underground Infrastructure System Planning Research and Practice, in Hengli Island, Nansha

吴超 梁睿中 游克思 编著

同济大学出版社·上海
TONGJI UNIVERSITY PRESS

图书在版编目(CIP)数据

智慧地下基础设施体系规划研究与实践：以广州南沙横沥岛尖为例 / 吴超,梁睿中,游克思编著. -- 上海：同济大学出版社,2023.9

ISBN 978-7-5765-0740-9

Ⅰ.①智… Ⅱ.①吴… ②梁… ③游… Ⅲ.①智能技术—应用—南沙群岛—地下工程—基础设施建设 Ⅳ.①TU94-39

中国国家版本馆 CIP 数据核字(2023)第 165727 号

2023 年上海市重点图书

智慧地下基础设施体系规划研究与实践

——以广州南沙横沥岛尖为例

Smart Underground Infrastructure System Planning Research and Practice, in Hengli Island, Nansha

吴 超 梁睿中 游克思 编著

责任编辑 胡晗欣
责任校对 徐春莲
封面设计 陈益平

出版发行 同济大学出版社 www.tongjipress.com.cn
(地址：上海市四平路 1239 号 邮编：200092 电话：021-65985622)
经 销 全国各地新华书店
排版制作 南京月叶图文制作有限公司
印 刷 上海安枫印务有限公司
开 本 787 mm×1092 mm 1/16
印 张 10.75
字 数 268 000
版 次 2023 年 9 月第 1 版
印 次 2023 年 9 月第 1 次印刷
书 号 ISBN 978-7-5765-0740-9
定 价 128.00 元

本书编委会

主编： 吴　超　梁睿中　游克思

参编： 占　辉　肖　宁　陈真莲　杨　松
彭　石　李海涛　周天喜　张小明
孙培翔　张海城　沈小万　张桂扬
汪　洋

序

广州市南沙区向海而生、依海而兴，地处粤港澳大湾区地理几何中心，位于珠江口“黄金内湾”的顶点，是连接珠江口两岸、广州中心城区和港澳地区的交通枢纽。2022年，国务院印发《广州南沙深化面向世界的粤港澳全面合作总体方案》，提出南沙要打造成“立足湾区、协同港澳、面向世界的重大战略性平台”。2023年，广州市第十六届人大第三次会议提出了按照“精明增长、精致城区、岭南特色、田园风格、中国气派”的理念，优化和提升总体发展规划、国土空间规划和城市设计，加快打造广州未来城市核心区。

明珠湾区是南沙区的城市新核心，被定位为“面向世界、体现中国气派的粤港澳大湾区城市客厅和全国高质量城市发展标杆展示窗口”。它正以建设成为“东方麦哈顿”、大湾区的闪亮明珠、中国式现代化的浓缩精华以及人心向往的“未来之城”为目标，加快探索、建设大湾区新一代的中央活力区、中央商务区。其中，明珠湾核心区面积33 km^2，依山傍水，坐拥“三江六岸”，生态环境优美、自然景观独特。外江、河道的天然隔离将用地分为四部分：两个岛尖（灵山岛尖、横沥岛尖）、慧谷西和蕉门河口片区。相互联系以及进出核心区的交通成为最基础、最重大的挑战，交通问题解决不好将严重影响整体布局和规划建设。

回应挑战，明珠湾管理局组织开展了多轮深入研讨，创新性地提出规划建设地下4层、地上3层的综合立体交通网络。同步考虑利用立体的交通空间布局综合市政管廊、电信网络信息化等基础设施，探索打造“数字智慧、绿色低碳、安全韧性”的高质量地下基础设施，尝试给出南沙解决方案。

本书的主要内容涉及地下基础设施智慧化体系规划，针对用户服务和运营管理的新一代互联网、云计算、智能传感、地理信息系统（GIS）等技术，数字化技术赋能地下基础设施高质量建设，以及近期智慧化应用落地和远期预留的安排等。基于实践，书中也探索提出了各类地下基础设施的智慧化场景体系、一体化地下基础设施综合管控平台建设思路、地下基础设施 5G 网络规划以及近期地下环路智慧化工程设计方案，仅供城市规划、地下空间和城市交通等相关领域的建设管理者、设计人员和学者参考。书中疏漏、不当之处，欢迎广大读者批评指正。

吴超

2023 年 8 月

前言

城市基础设施是城市生存和发展必须具备的工程性基础设施和社会性基础设施。近年来，随着城市发展，土地空间资源越来越紧缺。为集约节约利用土地资源，减少其对地面景观等的影响，在高强度开发的城市中心区，城市基础设施正不断向地下要空间，形成可容纳多种基础设施的地下空间，包括地下交通基础设施、地下市政基础设施以及防灾基础设施等，且不断向规模越来越大、类型越来越多、功能复合的方向发展。超大复合的地下空间对运营效率、行车安全和服务品质等都提出了更高要求，而传统地下空间建设的弱电智能化系统难以应对新的问题和挑战，需要利用人工智能、大数据和物联网等新一代信息化技术赋能，建设感知更全面、管控更高效、决策更智能的地下基础设施。

广州南沙明珠湾位于粤港澳大湾区核心区域，将规划打造面向世界、体现中国气派的粤港澳大湾区城市客厅和全国高质量城市发展标杆展示窗口。横沥岛尖作为明珠湾重要组成部分，目前正在全面开展基础设施建设。横沥岛尖地下空间包含地下人行系统、地下车行系统、综合管廊和综合管理中心等，构建了“地面道路、越江隧道、地下环路、地下车库”四位一体的立体交通体系。其中，越江隧道总长 5.64 km，地下环路总长 5.92 km，综合管廊总长约 9.88 km，地下空间总开发面积约 7.2 万 m^2。

本书在土建工程建设初期开展了系统性智能化专项研究，与土建工程同步设计与建设，在满足现阶段工程需求的同时，也充分考虑了远期的功能拓展。对于如何用新技术赋能地下空间，本书给出了广州南沙横沥岛尖的实践和经验。

本书依托横沥岛尖地下基础设施工程，以问题为导向，从管理者、使用者等不同主体的需求出发，兼顾各项技术的成熟程度、适用场景、效益价值，系统构建了横沥岛尖智慧地下基础设施体系。以南沙地下基础设施协同管控的一体化综合管理平台为载体，实现地下基础设施、人、车、环境的全面感知、闭环管控和一屏统观，提升地下基础设施运维管理的集约化、精细化程度。对于近期建设，结合地下环路的特征，聚焦交通管控、防灾与运维等应用场景，开展专题研究，形成实施方案。对于远期建设，构建智能网联和自动驾驶交通的应用场景，实现区域的物流末端配送、自动驾驶公交接驳等功能。

本书共分为 7 个章节，各章节简要介绍如下：

第 1 章为绪论，介绍我国地下基础设施的建设背景和发展概况，并对智慧地下基础设施进行了探讨。

第 2 章为智慧地下基础设施建设信息技术与应用，系统总结了智慧基础设施信息技术发展概况，包括第五代移动通信技术（5G）、边缘计算、大数据、云技术、数字孪生等技术，并介绍了国内外在城市隧道、综合管廊、地下空间等方面的智慧化建设案例，进一步分析总结当前案例建设存在的问题和不足，为横沥岛尖地下基础设施智慧化建设规划提供经验借鉴。

第 3 章为南沙横沥岛尖区域规划与建设，系统梳理了区域城市规划、区域地下基础设施、区域智慧城市规划与建设等相关内容，并总结梳理了片区现状建设情况，确保智慧地下基础设施体系规划能够与上位规划融合，智慧化建设能够立足于实际。

第 4 章为地下基础设施智慧化体系规划，提出了智慧地下基础设施规划的总体思路、技术路线和规划目标，从地下基础设施问题和需求出发，从不同维度构建了系统智慧化体系架构，并提出了实施路径以及近、远期分阶段实施策略。进一步围绕地下环路、地下停车场、人行地下空间、综合管廊和地下物流等不同类型设施全面展开，提出了完整的智慧化建设场景体系。

第 5 章为地下基础设施综合管控平台规划，结合南沙横沥岛尖复杂地下基础设施特点，梳理当前常规地下设施平台存在的问题，研究如何构建南沙横沥岛尖地下多设施一体化的综合管控平台，给出初步平台架构搭建体系和相关模块方案。通过建设地下一体化管控平台，建立统一管理、专业处置的一体化管养体系，降低地下基础设施的管理成本，提高运行效率。

第 6 章为地下基础设施 5G 网络规划，根据南沙横沥岛尖地下空间的不同场景及创新应用，研究地下空间 5G 覆盖建设要求和部署策略，并对比 5G 专网建设模式和网络覆盖方案，提出横沥岛尖地下空间 5G 部署建议方案，为 5G 通信基础设施的设计和建设提供依据。

第 7 章为智慧地下环路工程设计与应用，在体系规划的基础上，进一步针对地下环路的运营问题，开展了专项研究和详细设计，包括提出了覆盖车辆驶入环路、驶入驶出地块至驶出环路全过程的智慧交通管控方案；系统梳理了国内外室内定位技术现状，通过综合比选为横沥岛尖形成了近期可落地应用的定位与导航技术方案。在现状隧道火灾自动报警系统的基础上，增加了早期烟雾探测及联动控制、隧道火灾场重构及态势评估两大新增智慧功能模块，可有效增强隧道火灾发现、救援和控制能力，提升隧道整体防灾减灾水平。通过系统分析横沥岛尖地下环路本体结构及周边环境风险因素，形成了有针对性的结构健康监测方案；同时构建了地下结构健康状态评价体系，为后续地下环路全生命周期结构健康监测、评价奠定了基础。

本书也是地下基础设施全生命周期管理理念的实践，其研究成果以及组织实施机制可以为国内同类项目提供参考。

编写组

2023年6月

目录

1 绪 论

1.1 基本背景

我国地下空间建设开发肇始于20世纪50年代，起步晚于欧美发达国家，并且初期受经济条件制约，发展速度也较为迟缓。21世纪以来，地铁、地下停车场、综合管廊、地下商业体等地下空间建设开发逐渐步入发展“快车道”。

对于地下空间开发，中央及相关部委陆续推出相关政策、法规，积极推动、引导地下空间的开发和利用。

1997年10月，原建设部发布《城市地下空间开发利用管理规定》，规范了地下空间的规划、建设、管理等环节，明确指出，城市地下空间的开发利用应遵循统一规划、综合开发、合理利用、依法管理的原则，坚持社会、经济、环境效益相结合，考虑防灾、人民防空等需要。

2014年6月，国务院办公厅发布《关于加强城市地下管线建设管理的指导意见》，提出切实加强城市地下管线建设管理、保障城市安全运行、提高城市综合承载能力和城镇化发展质量。并要求进行城市地下管线普查，建立综合管理信息系统，编制地下管线综合规划，完善相关法规、标准，加强对城市地下老旧管网的改造，大幅提升城市的应急防灾能力。

2015年8月，国务院办公厅发布《关于推进城市地下综合管廊建设的指导意见》，提出建成一批具有国际先进水平的地下综合管廊并投入适用，反复开挖路面的“马路拉链”问题明显改善，管线安全水平和防灾抗灾能力明显提升，逐步消除主要街道蜘蛛网式架空线，城市地面景观明显好转。

2016年5月，住房和城乡建设部（以下简称“住建部”）发布《城市地下空间开发利用“十三五”规划》，提出要科学合理地推进城市地下空间开发利用，大力提高城市空间资源利用效率，充分发挥城市地下空间综合效益，更好地挖掘地下资源潜力，形成平战结合、相互连接、四通八达的城市地下空间。

相关数据统计显示，“十三五”期间，我国地下空间开发直接投资总规模约8万亿元，累计新增地下空间建筑面积达 10.7 亿 m^2，城镇常住人口人均新增 1.26 m^2。与此同时，地下空间投资开发不断提速，2016—2019 年，全国城市地下空间开发费用以每年约 1.5 万亿元的速度增长。

随着我国新城新区建设以及中心城区更新的需求增加，地下空间开发也进入了“快车道”。城市中央商务区、总部基地、新城核心区是每个城市重点发展的地区，承担了城市经济金融、科技创新、文化创意等核心功能，普遍采用新理念、高标准打造高质量的城市品质，树立城市未来发展的新形象。在城市地下空间开发利用方面，这些重点地区按照地上地下一体化、地下空间一体化的设计理念，将分散、独立的地下功能设施互联互通，整合地块、道路、绿地广场的地下空间，实现区域内地下人行交通、车行交通、市政设施和公共服务设施的一体化规划建设（图 1.1）。

图 1.1　城市地下空间

1.2 地下基础设施发展概况

城市基础设施是城市生存和发展所必须具备的工程性基础设施和社会性基础设施。它具有建设规模大、成本回收周期长、社会共同受益等特点，是维持城市和社会经济正常运转的前提条件。

城市基础设施建设具体分为六大系统，即交通系统、水系统、能源系统、通信系统、环境系统和防灾系统，如图 1.2 所示。

城市基础设施大量安排在地面空间，尤其是在中心城区，这就会产生诸多问题，如占用土地资源、影响城市景观、增加安全风险等。若将其转移至地面以下的公共空间，不仅能缓解上述问题，还能提升城市品质和活力。

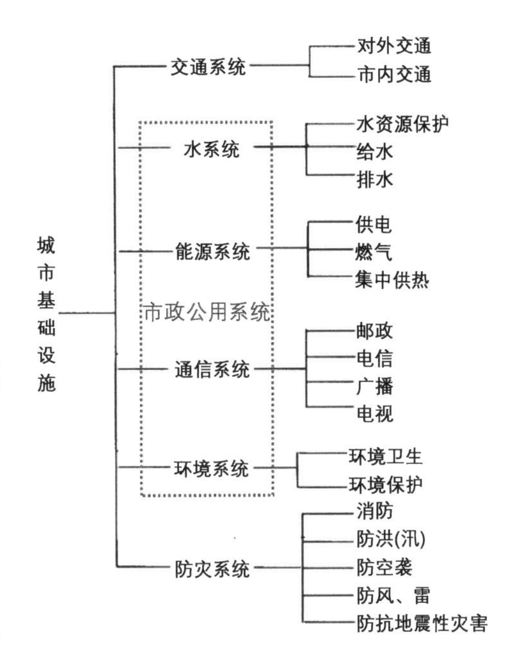

图 1.2 城市基础设施主要类型

近年来城市基础设施逐步地下化，形成了城市地下基础设施。它是城市规划区内，在地表以下岩土层围合的空间里（包括自然形成和人工开发的空间）建设的城市基础设施。基础设施地下化类型如图 1.3 所示。

城市交通基础设施	城市市政基础设施	城市防灾基础设施
• 城市轨道交通地下化	• 架空管线地下化	• 防空工程地下化
• 城市道路地下化	• 地下综合管廊	• 避难场所地下化
• 公共停车地下化	• 变电站地下化	• 危险品存储地下化
• 交通枢纽地下化	• 污水处理厂地下化	• 能源设施地下化
• 步行通道地下化	• 垃圾转运站地下化	• 军事设施地下化

图 1.3 基础设施地下化类型

推动城市基础设施地下化，有助于实现“人在地上，车在地下；人在地上，物在地下；人长时间活动在地上，短时间活动在地下”的目标，使城市更加绿色生态、安全高效、舒适宜居。

相关规范对地下基础设施有具体定义：

(1)《城市地下空间利用基本术语标准》（JGJ/T 335—2014）提出，城市地下基础设施是指在城市地下建设的、城市运行和发展所必需的基础性设施。总体上分为地下交通设施、地下市政公用系统、地下公共服务设施、地下仓储设施、地下物流系统、地下防灾减灾设施和地下综合体等。

地下交通设施，包括地下道路、地下停车等用于城市交通的地下设施。

地下市政公用系统，包括城市给水、排水、供气、供电、供热、信息与通信、污水处理、垃圾处理等实现市政公共用途的地下空间多种设施。

地下公共服务设施，指为公众提供服务的地下建筑，包括地下商业、餐饮、娱乐、文化、体育、办公、医疗卫生及其配套设施等。

地下仓储设施，指用于储存各种食品、物资、能源、危险品、核废料等的地下工程设施，包括地下食物库、地下油气库、地下物资储备库和地下水库等。

地下物流系统，指采用现代运载工具和信息技术实现货物在地表下运输的物流系统。

地下防灾减灾设施，包括为抵御和减轻各种自然灾害、人为灾害及其次生灾害对城市居民生命财产和工程设施造成危害和损失所兴建的地下工程设施，包括人民防空工程、地下生命线系统、地下防涝工程、地下防震设施和地下消防设施等。

地下综合体，包括将交通、商业及其他公共服务设施等多种地下空间功能设施有机结合所形成的具有大型综合功能的地下建筑，包括街道型地下综合体、广场型地下综合体等。

(2)《城市地下空间与地下工程分类》（GB/T 41925—2022）提出了城市地下空间设施（urban underground facilities）的概念，将其定义为在地表以下规划建设的具有特定功能的设施或系统。城市地下空间按功能属性可分为八大类，包括地下交通设施、地下市政公用设施、地下公共服务设施、地下物流设施、地下仓储设施、地下防灾减灾设施、地下军事设施以及地下其他设施，具体见表 1. 1。

表 1.1　城市地下空间功能属性分类

类别	空间名称		
	大类	中类	小类
交通	地下交通设施	地下轨道交通系统	地下车辆基地、地铁车站及区间隧道等
		地下车行通道[a]	道路隧道、地下立交、地下道路及地下车库连接线等
		地下人行通道	—
		地下停车场（站）	地下自走式停车库、地下机械式停车库等
		地下公交场（站）	地下公交车站、地下火车站及地下公交换乘枢纽等

（续表）

类别	空间名称		
	大类	中类	小类
市政公用	地下市政公用设施	市政隧道	地下电力隧道、地下输水隧道及地下排水调蓄隧道等
		地下综合管廊	—
		地下市政场（站）	地下变电站、地下水库、地下污水厂、地下垃圾转运站、地下垃圾焚烧厂、地下能源中心及地下燃气调压站等
社会公共服务	地下公共服务设施	地下商业设施	地下商场、地下商业街等
		地下行政办公设施	—
		地下文化休闲设施	地下音乐厅、地下大剧院、地下图书馆、地下博物馆、地下文物古迹及地下社区活动中心等
		地下教育科研设施	地下实验室等
		地下体育设施	地下篮球场、地下游泳馆及地下射击场等
		地下医疗卫生设施	地下医院等
物流	地下物流设施	地下物流通道	—
		地下货物分拨场（站）	—
		地下货物配送场（站）	—
		地下物流终端场（站）	—
仓储	地下仓储设施	地下仓库	—
		地下专用储库	地下粮库、地下油气库及地下物资库等
防灾减灾	地下防灾减灾设施[b]	地下消防设施	地下消防站等
		地下防洪设施	地下雨水调蓄池、地下调蓄隧道等
		地下防灾避难设施	地下防灾避难所等
军事	地下军事设施	人民防空工程[c]	人民防空指挥工程、人民防空医疗救护工程、防空专业队工程、人员掩蔽工程及配套工程等
		地下军事交通工程[d]	—
其他	地下其他设施	其他	地下居住设施、地下工业厂房及地下数据中心等

[a] 包括隧道、立体交叉口。
[b] 有关地下消防、防洪、抗震和应急救援等设施。
[c] 包括地下通信指挥工程、医疗救护工程、防空专业队工程和人员掩蔽工程等。
[d] 包括地下军事物流工程。

近年来，我国开启了大规模城市地下基础设施建设。以综合管廊为例，在珠海横琴，一条长达 33 km，集给水、电力、通信和真空垃圾管等多种管线于一体的地下管廊投入使用，它是国内迄今为止建成长度最长、建设技术最先进的现代化城市地下综合管廊。

2015 年 4 月，中国财政部确定首批地方综合管廊试点城市名单，包头、沈阳、哈尔滨、苏州、厦门、长沙等 10 个城市入围。住建部的统计数据显示，2015 年以来已有 69 个城市启动地下综合管廊建设项目约 1 000 km，总投资约 880 亿元[2]。

除了综合管廊单体设施外，近年来地下基础设施规模越来越大，功能越来越复合。从总体空间形态来看，从点到线再到网，地上地下一体化城市整体开发，地下空间开发向规模扩大化、空间深层化、功能复合化等特征发展。

典型地下空间综合性开发案例如图 1.4 所示。

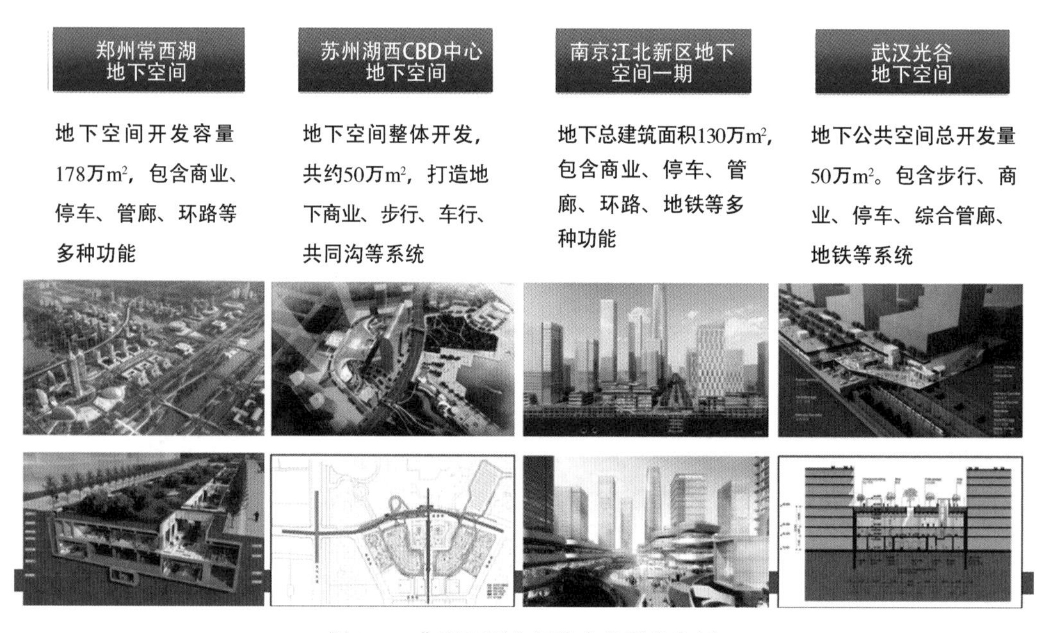

图 1.4　典型地下空间综合性开发案例

1.3　对智慧地下基础设施的理解

1.3.1　概念探讨

智慧地下基础设施是传统土建设施与新基建的融合，以人为本、万物互联、数据驱动是智慧地下基础设施建设和管理的最主要特征。

智慧地下基础设施以土建设施为载体，综合应用信息感知技术、信息传输技术、分析处理技术和地理信息技术等，提升现有的各类管理平台，建设形成基于大数据分析的设施“大脑”，使其具备主动感知、信息交互和自动控制等功能的新型地下基础设施(图 1.5)。

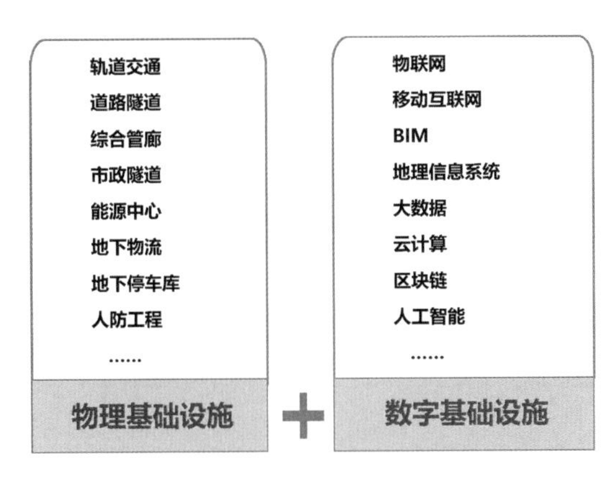

图 1.5 智慧地下基础设施概念

智慧地下基础设施感知更全面，扩大了信息感知范围，丰富了信息感知内容；能够提供更智能的决策，增加数据分析功能、大数据算法模型分析、预测预警和状态研判等；实现高效管控、联动控制、减少延误、节约人工；解决传统监控“监多控少”、数据不共享、信息不对称和管控不及时等问题。建设智慧地下基础设施，用智能化的手段赋能传统土建，可以更好地应对地下基础设施长大化、网络化发展趋势带来的建设、运营阶段的问题与挑战。

类比人类生物体一般具有感官、神经系统、大脑、肌体等要素，智能化系统一般包括感知、决策和管控三个层次，并由传输层实现不同层之间的信息传输。智慧地下基础设施也可分为感知、决策和管控三个层次（图 1.6）。

图 1.6 智慧地下基础设施层次结构

1. 感知层

感知层是智慧地下基础设施的基础，根据不同感知对象和服务功能要求，设置感知设备设施，实现基础数据和事件的采集，为决策层提供大数据支撑。相比传统地下基础设施，智慧地下基础设施感知将更全面、更精细，实现对多层次、全时空、全对象的特征感知。

多层次感知：从宏观到微观不同层面实现对地下基础设施运行状况的监测。

全时空感知：针对地下基础设施实现全天候、全生命周期的持续监测。

全对象感知：实现地下基础设施各主体部分全覆盖，包括土建与设备、交通（车和人）和环境等。

2. 决策层

针对各应用场景管控决策需要，构建智能决策分析模型，建立会思考的地下基础设施，打造管控“大脑”，这是智慧地下基础设施的建设核心。

通过云计算、大数据等技术的深度应用，挖掘感知层获取海量多源数据，根据应用需求，建立数据算法模型分析，通过对地下基础运行状态的实时监测，实现对地下基础各种运营状况研判和预测预警，为智能控制管控决策提供支撑。

3. 管控层

地下基础设施管控包括针对正常状况、大客流、火灾水灾等突发事件的应急管控情况。正常运行状况下需要对进入人员、车辆等流量进行控制、路径诱导、信息服务等。突发事件应急状况下需要进行应急信息发布、出入口控制、应急救援、事故快速处置、逃生救援等管理。

智慧管控是以地下基础设施“大脑”智慧分析决策为依据，综合协同管控，多系统联动。相比传统管控，其智慧化提升主要体现在以下几方面：

（1）自动化管控设备应用，及时管控，避免人工操作延误。

（2）多系统联动管控。

（3）精细管控，按需精准调控。以地下道路为例，可对控制设备进行智能调光，依据通道内亮度变化规律，实现0～100%调光控制；智能疏散引导，通过分析地下空间形态、疏散口位置，针对不同火灾发生点生成相应的事故疏散撤离方案。

（4）主动管控。以地下道路交通安全为例，在提前预警的基础上，基于协同安全控制技术，实现平台与车辆的实时信息交互，从而对地下道路进行主动交通安全管控，包括行驶速度控制、交通事件预警、内部排队预警等，以尽可能减少交通事故发生。

1.3.2 建设必要性

1. 智慧地下基础设施建设是落实国家和地方政策的需要

近年来，国家陆续出台了相关政策，加强提升城市基础设施管理水平。《国务院关于加强城市基础设施建设的意见》（国发〔2013〕36号）指出要围绕改善民生、保障城市安全、投资拉动效应明显的重点领域，加快城市基础设施转型升级，全面提升城市基础设施建设水平。

2017年，中央城市工作会议坚持以人民为中心的发展思想，坚持人民城市为人民，转变城市发展方式，提高城市治理能力，着力解决城市病等突出问题，要提升建设水平，加强城市地下和地上基础设施建设。

近年来城市地下基础设施面临新的问题，地下基础设施安全逐步成为社会关注的焦点，国家和各地方也相继出台了相关政策，加强城市地下基础设施的安全。

针对城市在快速建设发展中产生的地下设施底数不清、统筹协调不够、运行管理不到位等问题，住建部印发了《关于加强城市地下市政基础设施建设的指导意见》（建城〔2020〕11号），对城市地下市政基础设施开展普查、加强统筹、补齐短板、压实责任等方面提出了指导意见。

各省级政府住建系统也陆续发布相关政策，例如，广东省住房和城乡建设厅发布了《广东省加强城市地下市政基础设施建设工作方案》（粤建城〔2021〕71号），提出了要提升城市地下基础设施安全韧性，主要包括消除城市地下市政基础设施安全隐患，加大老旧地下市政基础设施改造力度，加强城市地下市政基础设施运行安全监管，强化城市地下市政基础设施运营，推动城市地下市政基础设施数字化、智能化建设等工作。

2. 智慧地下基础设施建设是应对地下基础设施新问题和新挑战的需要

地下空间的规模大、功能复合、互联互通等特征使其运营安全面临更大的挑战，尤其是互联互通带来的管理条件复杂问题，都需要通过建设智慧地下基础设施来解决。

传统地下设施（单一设施）技术相对成熟，已有相关技术标准指导，但网络化联通后的复合型地下空间系统缺乏研究。以地下道路为例，互联互通网络化，有多个进出口匝道，与多种地下空间联通，复杂环境下的烟雾扩散、发展态势等难以有效掌握，地下布局复杂和火灾事故的随机性强，这些特性导致预设的防灾预案难以涵盖所有情况，火情侦测难，一旦发生火灾给人员逃生及救援带来了很大困难。

受极端气候条件影响，城市洪涝灾害日益严重，互联互通条件下大量洪水由出入口等灌入至地下空间，地下空间内部会迅速产生大量积水，加之内部积水排出相对较为困难，使得地下空间的电力、通信等设备易受损，地下空间洪水风险极高。

1.3.3 智慧地下基础设施规划工作

智慧地下基础设施规划主要是以地下基础设施土建为基础，从运营角度分析各主体的需求，明确智慧化功能目标，梳理未来地下基础设施各类型的主要智慧化应用场景，根据智慧化应用场景提出相应的弱电工程及智能化系统平台的建设方案，与工程土建同步实施，或为远期功能拓展做好预留。

2 智慧地下基础设施建设信息技术与应用

2.1 智慧地下基础设施建设信息技术

地下基础设施智慧化发展是在第五代移动通信技术（5th Generation Mobile Communication Technology，5G）、边缘计算、大数据、云计算及数字孪生等信息技术发展的基础上，运用交通科学、系统方法、人工智能、知识挖掘等理论，构建信息化体系，开发信息化系统和产品，让基础设施以更安全、更高效、更节能的方式运行和发展，同时带动相关产业转型、升级。

2.1.1 第五代移动通信技术（5G）

第五代移动通信技术（5G）是具有高速率、低时延和大连接特点的新一代宽带移动通信技术，是实现人-机-物互联的网络基础设施。

国际电信联盟定义了5G技术的三大类应用场景，即增强移动宽带、超高可靠低时延通信和海量机器类通信。增强移动宽带主要面向移动互联网流量爆炸式增长需求，为移动互联网用户提供更加极致的应用体验；超高可靠低时延通信主要面向工业控制、远程医疗、自动驾驶等对时延和可靠性具有极高要求的垂直行业应用需求；海量机器类通信主要面向智慧城市、智能家居、环境监测等以传感和数据采集为目标的应用需求。

5G技术是智能交通领域落地重要的一环，与人工智能、大数据等新技术一起，共同构成了智能交通的技术基础。5G技术在智能交通领域的典型应用包括自动驾驶、车路协同、智能信控等。

(1) 自动驾驶是5G技术一个典型的应用场景。联网的车辆（图2.1）需要检测障碍物，与智能交通设施设备（如交通信号灯）进行信息交互，精确地图导航，并与其他制造商生产的汽车进行通信。为了确保乘客安全，大量的数据需要实时地传输和处理，5G技术能够提供将数百万辆自动驾驶汽车进入道路所需的容量、速度、低延迟和安全性。

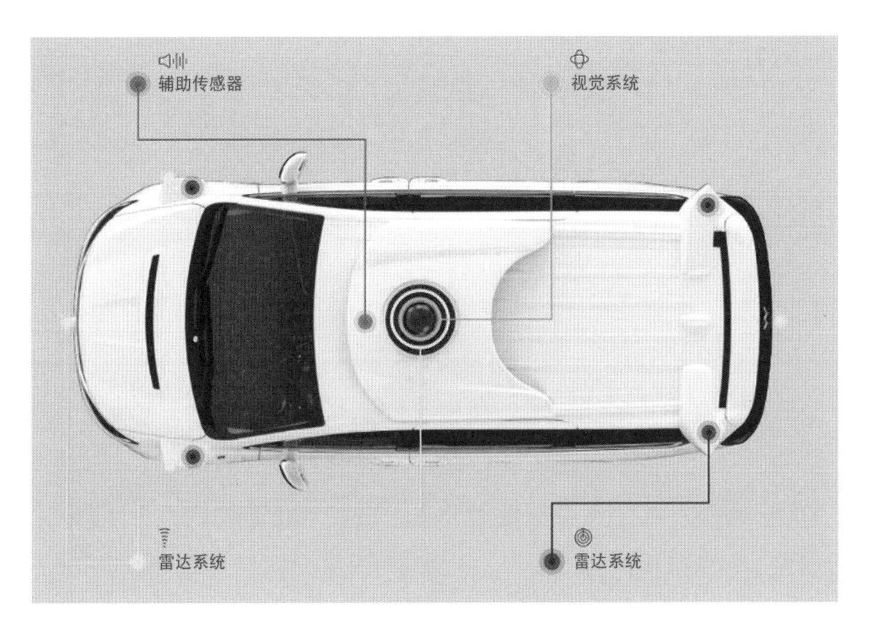

图 2.1　自动驾驶车辆示意

（图片来源：https：//www.sohu.com/a/197906524 _ 118680）

（2）5G 技术另一个典型应用场景是车路协同（图 2.2）。由于自动驾驶相关传感器设备成本高，把相当的车载传感器设备独立出来，集成到道路基础设施上，就成为一个可行方案。相比单车智能设备，车路协同在成本、安全性以及运行效率上都有较大的优势。但车路协同对于车与路侧设施的通信延迟的精度要求较高，通过应用 5G 技术可以很好地达到车与路实时交互的目的，促进车路协同的发展。

图 2.2　车路协同技术图示

（图片来源：https：//zhuanlan.zhihu.com/p/343379606）

2.1.2 云计算技术

云计算（cloud computing）是分布式计算技术的一种，其最基本的概念是通过网络将庞大的计算处理程序自动拆分成无数个较小的子程序，再交由多部服务器所组成的庞大系统，经搜寻、计算分析之后将处理结果回传给用户。

通过云计算技术，网络服务提供者可以在数秒之内，处理数以千万计甚至亿计的信息，达到和“超级计算机”同样强大效能的网络服务。最简单的云计算技术在网络服务中已经随处可见，例如搜索引擎、网络信箱等，使用者只要输入简单指令即能得到大量信息。

由于云计算可以实现数据的高效处理和大量计算，与边缘计算等客户端相比，云计算在服务器端的运算速度较快，在信息传输技术高速发展的前提下，可实现海量数据的大规模快速运算。因此，在一些数据量大、实时性要求高的领域，云计算比其他计算方式更具有适用性。典型应用如自动驾驶、智慧停车等。

1. 自动驾驶

从自动驾驶的组成来看，云计算加上车辆终端事实上会演变成一个信息、数据的采集和分析工具。车辆将收集的数据信息回传到云端进行深度学习，再通过远程升级为汽车带来新的能力，而汽车也能产生新的数据，通过循环计算可达成更安全的自动驾驶。汽车以前只是交通工具，是执行命令的机器，但有了人工智能，它可以分析车主或者乘客的声音及生物识别特征。数据是驱动汽车的燃料，通过云计算技术应用，每辆汽车都能够与路上的其他汽车或路侧设施进行信息交互。

2. 智慧停车

智慧停车通过云计算技术打通各大停车单位之间的“数据孤岛”状态，并能顺利实现与停车系统以外的生态系统衔接。通过大数据模型的计算，可以完成闲时车位共享、合理定价等功能，实时作出停车决策并通过信息发布等手段引导使用者行为，进而实现整个停车系统资源利用效益最大化。

2.1.3 边缘计算技术

边缘计算（edge computing）是指在靠近物或数据源头的一侧，采用网络、计算、存储、应用核心能力为一体的开放平台，就近提供最近端服务。其应用程序在边缘侧发起，产生更快的网络服务响应，满足行业在实时业务、应用智能、安全与隐私保护等方面的基本需求。边缘计算处于物理实体和工业连接之间，或处于物理实体的顶端，而云计算仍然可以访问边缘计算的历史数据。边缘计算是云计算向边缘的延伸。

边缘计算技术在安防监控、智能交通、智慧零售、工业互联网、AI 决策优化、智慧城市等领域都有广泛的应用前景。

(1) 边缘计算技术最显而易见的潜在应用之一是路侧设施设备的应用。通过各种传感器，如摄像头、雷达、激光系统，帮助设施设备达到自动运行的目的。例如，自动驾驶汽车可以利用边缘计算技术，通过各种传感器在离车辆更近的地方处理数据，进而尽可能减少系统在驾驶过程中的响应时间。

(2) 边缘计算技术还可应用于智能交通管理（图 2.3）。分析和处理交通硬件本身的数据，过滤掉不需要的信息，从而避免不必要的交通拥堵。这减少了需要通过网络传输的数据总量，并有助于降低操作和存储成本。

图 2.3　边缘计算技术用于智能交通管理

2.1.4　数字孪生技术

数字孪生是充分利用物理模型、传感器更新、运行历史等数据，集成多学科、多物理量、多尺度、多概率的仿真过程，在虚拟空间中完成映射，从而反映相对应实体装备的全生命周期过程。简单来说，数字孪生是在一个设备或系统的基础上，创造一个数字版的“克隆体”(图 2.4)。

数字孪生技术可以在众多领域中应用，例如产品设计、产品制造、医学分析及工程建设等领域。数字孪生技术在城市交通规划、解决城市交通工程痛点问题上均有广泛的应用。

1. 基于城市信息模型（CIM）的数字孪生应用

基于城市信息模型（City Information Modeling，CIM）的数字孪生应用是数字城市发展的高级阶段。通过 CIM 模型的构建，以建筑信息模型（Building Information Modeling，BIM）、地理信息系统（Geographic Information System，GIS）、物联网(Information of Things，IoT）等技术为基础，整合城市地上-地下、室内-室外、历史-现

图 2.4　数字孪生技术示意

（图片来源：https：//www. zhihu. com/question/574902199/answer/2824170556？ utm _ id＝0）

状-未来多维多尺度信息模型数据和城市感知数据，可构建三维数字空间的城市信息有机综合体。基于 CIM 模型的数字孪生是在实现全面城市信息展示的基础上，通过在线模拟，实时仿真与预测城市的运行状态。在印度海德拉巴、新加坡以及我国的深圳、雄安，都已经在做这方面的摸索和尝试。

2. 数字孪生隧道

数字孪生隧道是以三维地理信息引擎为基础，结合隧道建筑模型，通过对接隧道视频系统、智能感知设备等，达到实时监测、管控的目的。通过接入隧道内的监控系统，实时监测隧道内的交通、车辆、环境状况，精准识别隧道交通事故、交通违章、火灾、隧道病害等事件，以及温湿度、风速、照明、烟雾等异常指标，并及时发布预警。确保操作人员频繁手动控制的问题得到解决，也可以在实景基础上进行沉浸式浏览，实现对隧道内车辆、设备、环境的一体化综合监控。

数字孪生隧道事件管理：当目标车辆行驶至隧道入口标定区域时，数字孪生技术系统将自动识别车牌、车型及车辆温度等多种车辆信息，并与该车辆进行信息绑定。同时，隧道全覆盖的激光雷达将在三维高精地图完成车辆的数字孪生并实时捕获车辆在隧道内全过程的动态行驶信息，对目标车辆的异常驾驶行为进行主动监测。对于行驶在隧道内的突发明火车辆，安装在洞壁的多普勒式移动火灾检测器将在 5 s 内实现移动车辆的火情感知，向系统推送实时的事件证据与视频信息，并联动触发指挥调度模块，明确指挥人员事件处置流程。

图 2.5 为北横通道数字孪生隧道。

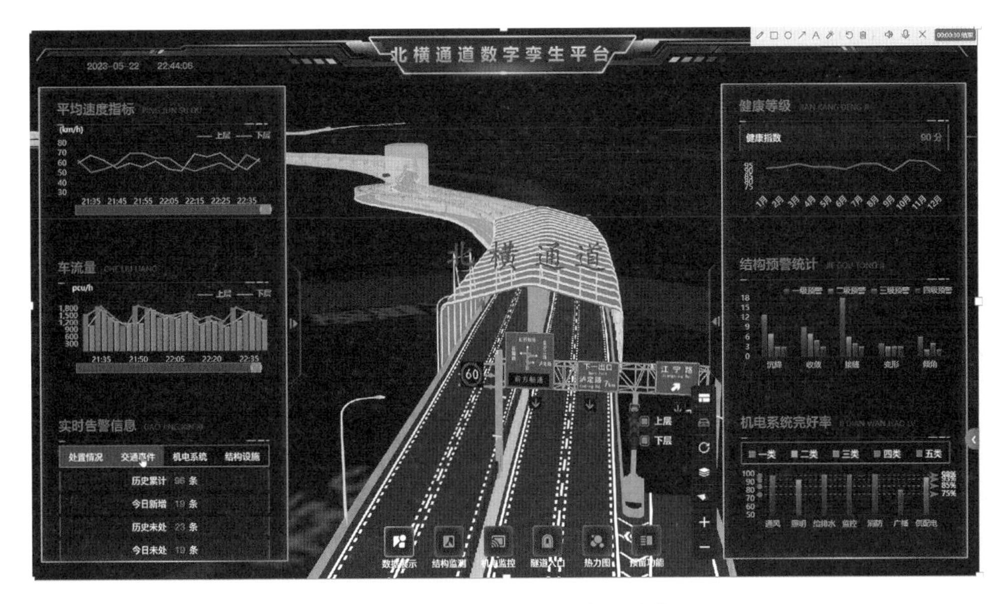

图 2.5　北横通道数字孪生隧道

2.1.5　大数据技术

大数据是指无法在可承受的时间范围内用常规软件工具进行捕捉、管理、处理的海量数据。广义的大数据还包括获取海量数据的技术，以及依托大数据进行数据处理、数据挖掘与分析等的一系列技术。大数据技术的战略意义不仅在于掌握庞大的数据信息，还在于对这些含有意义的数据进行专业化处理。

大数据无处不在，在金融、汽车、餐饮、电信、能源、体能和娱乐等行业均有应用。

在交通领域，大数据可以实现居民出行的 OD 分析。通过对出行人的特征、信息进行收集，可以精准高效地为用户推荐行驶路径，错开高峰行驶的路段，实现整体路网的均衡，减少交通拥堵，在路网的交通管理以及路网流量诱导方面具有明显效益。

另外，在城市或片区的管理上，还可以利用大数据实现智能交通、环保监测、城市规划和智能安防等应用。

2.2　智慧地下基础设施建设案例应用

2.2.1　智慧隧道

地下道路是解决道路交通拥堵的重要手段，可以有效缓解道路压力。目前隧道管理工作的管理布局相对零散，现场处置、中心调度、决策指挥等工作任务相对独立，缺乏统一的、明确高效的指挥调度体系。管理工作仍较多依靠电话、纸质文件传递和归档信息，运营数据整理成本高、准确率低，统计分析难度大，管理水平有待提升。

随着我国隧道建设的逐年推进、交通运力需求的快速增加，国家相关部门提出推进智慧交通基础设施建设，逐步实现我国隧道智能化、信息化、集成化、绿色节能化是智慧交通发展的关键。

目前，国内外已有该领域的探索，通过技术支撑、功能设计实现隧道的智慧化提升，将大数据、物联网、视频分析、数据挖掘等相关技术应用到公路隧道场景中，缓解货运交通量增加导致的道路拥堵，同时加强隧道的管理能力，达到安全、高效、节能运营的目的。

1. 上海虹梅南路隧道

虹梅南路越江隧道，是上海市闵行区和奉贤区的第一条黄浦江越江隧道，于 2015 年 12 月 30 日贯通。虹梅南路隧道途经闵行区和奉贤区，全长 5. 26 km，起于浦西永德路北侧，于剑川路北侧入地跨越黄浦江，经西闸公路后出地面，终于金海公路（图 2. 6）。

图 2. 6　虹梅南路隧道

（图片来源：https：//baike. baidu. com/item/%E8%99%B9%E6%A2%85%E5%8D%97%E8%B7%AF%E9%9A%A7%E9%81%93/2614484？fr = api _ duomo）

该隧道设计了智慧化防灾模块。智慧化防灾的“智慧”主要体现在智慧防控、智慧管理、智慧作战和智慧指挥四个方面。相对于地面道路，隧道的火灾监测、预警更加困难。隧道设置了火灾智慧监测、隧道运行环境态势评估、隧道火灾预警与应急管理综合体系，并引入智慧火灾辅助决策系统，通过火灾温度烟气场重构，实现火灾态势预测。

目前，该模块在国内隧道中的应用较少，尚未与消防系统实现联动，但在火灾的监测、预警评估等方面已起到了积极的作用。

图 2. 7 为该隧道交通异常识别情况。

图 2. 7　虹梅南路隧道交通异常识别
（图片来源：https：//www. sansitech. com/case/223. html）

2. 延崇高速隧道

延崇高速（河北段）是北京 2022 年冬奥会重大交通保障项目，延伸工程属于延崇高速二期配套工程，起自延崇高速主线终点太子城，向崇礼方向延伸，穿越翠云山、长城岭，至白旗互通与张承高速顺接，全长约 17. 1 km，桥隧比达 76%，采用双向四车道标准建设。

延崇高速智慧隧道监控平台应用 GIS + BIM 技术，多角度、多维度模拟显示隧道设备实时运行状况。通过 BIM 建模与三维 GIS 无缝融合，实现场景的立体化展现。将隧道环境数据、车流量、视频流、火灾报警等实时数据提取出来，并将其赋予到三维模型中。通过三维场景的漫游、行走即可实时了解隧道内部的运行情况（图 2. 8—图 2. 10）。

图 2.8　延崇高速隧道

图 2.9　延崇高速智慧隧道巡检机器人应用

图 2.10　延崇高速隧道火灾模拟报警界面

延崇高速智慧隧道监控平台打破了常规监控平台以平面形式为主、美观度差等问题，但目前还是以展示为主，对三维可视化带来的管理便捷性方面尚未进一步挖掘。

3. 港珠澳大桥海底隧道

港珠澳桥隧全长 55 km，其中海底隧道全长 6.7 km，是现今世界上最长的公路沉管隧道和唯一的深埋沉管隧道。

港珠澳大桥配备了基于 BIM 的全方位的监控系统，包含交通监控及数据采集设备、气象信息采集设备、信息发布设备、车牌识别设备及隧道环境监测设备等模块。通过该系统，可实现隧道内的虚拟漫游、设备定位、设备监视、设备控制及设备动作仿真模拟等。复杂的交通机电工程系统会带来极大的管理维护工作量。因此，各系统模块间的协调联动、快速应急响应等十分重要。通过桥隧管养平台（图 2.11）得以直观、真实、实时地了解到港珠澳大桥机电设备运行状态及交通状况，提升监控管理效率。

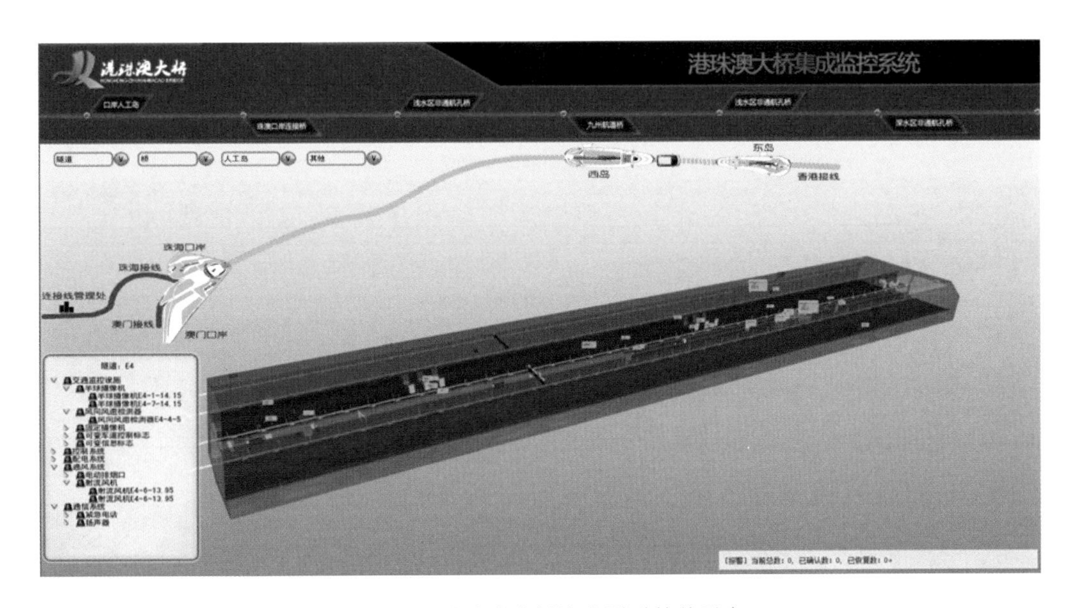

图 2.11　港珠澳大桥海底隧道管养平台

4. 上海北横通道

上海北横通道（图 2.12）穿越中心城区，全线 19 km，双向连续 4 车道 + 两侧集散车道或停车带规模的城市主干路，全线设置 8 对出入口匝道，并与中环和南北高架形成两处全互通立交。项目贯穿中心城区北部 5 个行政区，是“三横”北线的扩容和补充，是中心城区北部东西向快速客运通道，将有效缓解延安高架和内环北段交通压力。

北横通道开展了系统的智慧化系统建设，作为上海首个隧道场景的数字孪生建设试点，通过隧道卡口检测数据、隧道内的雷达视频融合采集，可实现对车流轨迹的还原，

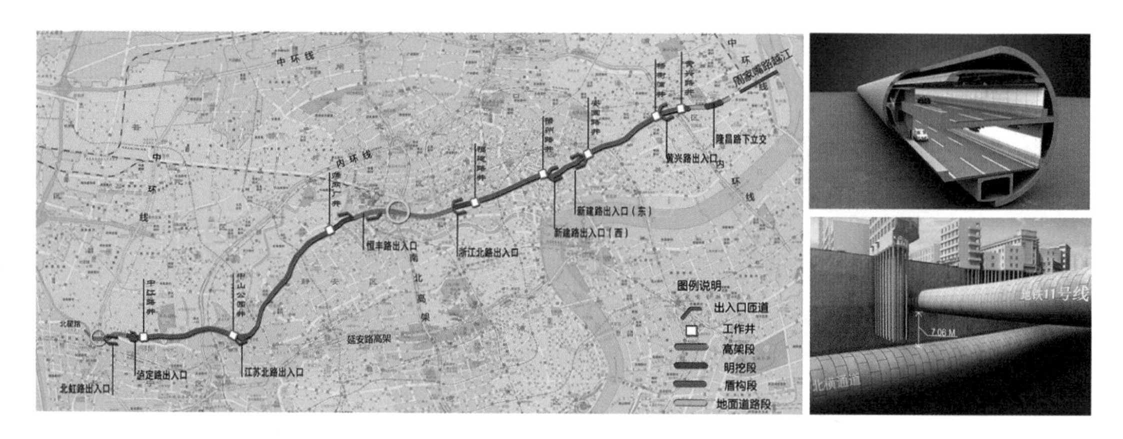

图 2.12　上海北横通道

并建设了设施健康检测管理、管养数据治理等模块，提升隧道感知、研判能力。注重隧道运行管理的电子化预案建设，整合至系统管理平台，能够实现针对隧道运行的不同工况管理“一键启动”；并考虑一定的开放性，便于后期根据实际运营情况增加、修改预案。图 2.13 为上海北横通道监控中心。

图 2.13　上海北横通道监控中心

5. 迈阿密 Port Miami 隧道

迈阿密 Port Miami 隧道坐落于佛罗里达州，隧道全长 1.3 km，是迈阿密港至 395 号州际公路的连接通道，2014 年开放交通。智慧交通管控应用体现在以下几方面：自动事件探测、自动信号机、交通状态感知、交通流预测及行程时间计算等。实现了对交通流各项参数的计算和分析，并应用于交通管控，技术成熟度高。图 2. 14 为 Port Miami 隧道监控系统平台。

图 2. 14　Port Miami 隧道监控系统平台

2. 2. 2　智慧管廊

智慧管廊，即在城市地下建造一个隧道空间，将电力、通信、燃气、供热、给排水等各种工程管线集于一体，设有专门的检修口、吊装口和监测系统，实施统一规划、设计、建设和管理，是保障城市运行的重要基础设施（图 2. 15）。

智慧管廊在满足民生基本需求、提高城市综合承载力方面发挥着重要作用。共同建设可以减轻敷设、维修地下管线时频繁挖掘道路而对交通造成的影响，有利于保持路容完整、保护各类管线、方便管线管理维修，还能降低路面翻修、管线维修的总体费用。由于智慧管廊内管线布置紧凑合理，有效利用了道路下的空间，节约了城市用地，减少了道路的杆柱及各种管线的检查井、室等。同时，由于架空管线一起入地，不仅可以优化城市景观，还可减少架空线与绿化之间的矛盾。

1. 武汉王家墩中央商务区与环路合建智慧管廊

武汉王家墩中央商务区功能定位为片区的金融商贸、商业服务、会展信息中心；核心区地下空间开发 143 万 m^2，停车位约 1. 4 万个（图 2. 16）。该商务区层次结构图和地

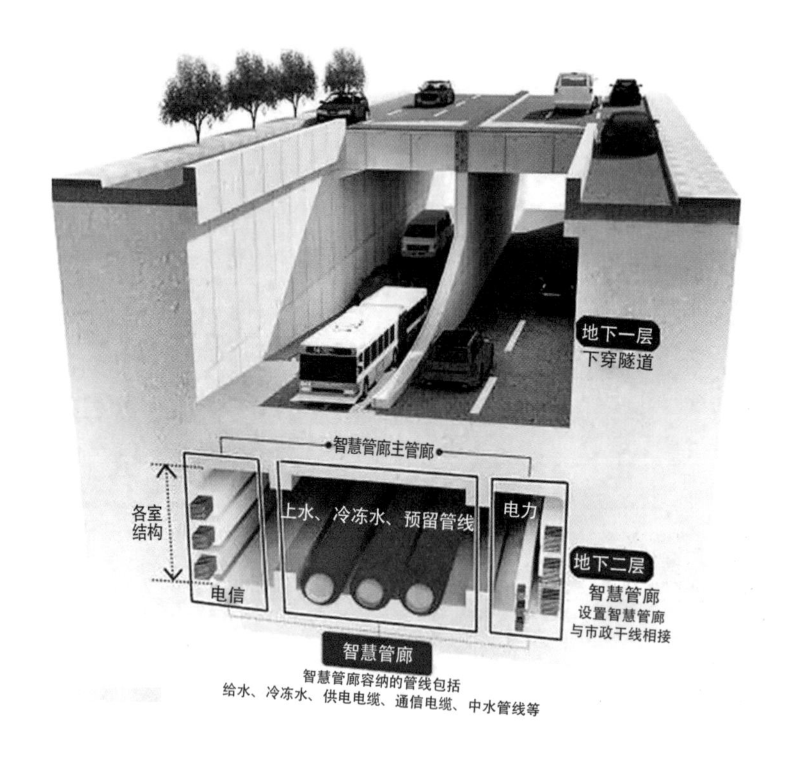

图 2.15 城市智慧管廊概述图

（图片来源：https：//www. xianjichina. com/special/detail _ 385183. html）

图 2.16 武汉王家墩中央商务区景观图

（图片来源：http：//news. fdc. com. cn/sd/432300 _ 4. shtml）

下结构图分别如图 2. 17、图 2. 18 所示。商务区结合地下道路建设同步实施市政综合管廊，集中铺设电力、电信、给水等市政管线，管廊总长 6. 1 km，成为城市的地下“补给线”。智慧管廊内缆线布置有序、清晰，并预留了供人通行作业的足够空间。

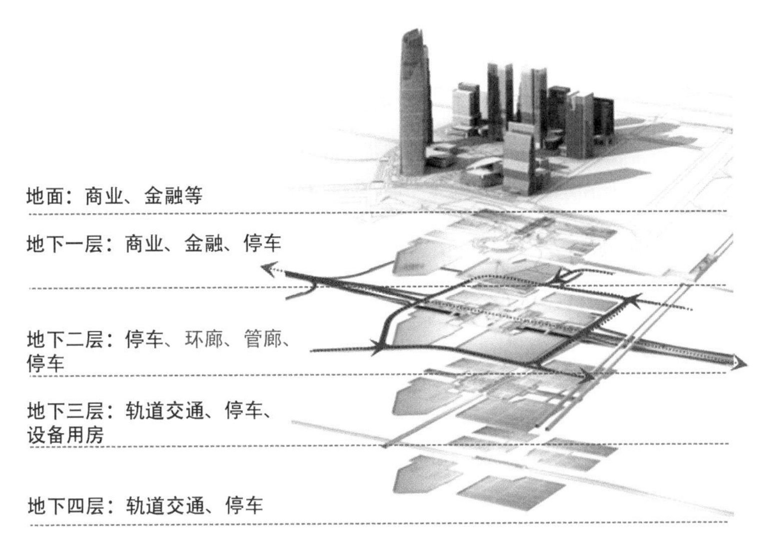

图 2. 17　武汉王家墩中央商务区层次结构图
（图片来源：http：//news. fdc. com. cn/sd/432300 _ 4. shtml）

图 2. 18　武汉王家墩中央商务区地下结构图
（图片来源：http：//news. fdc. com. cn/sd/432300 _ 4. shtml）

该智慧管廊配备完善的智慧化监测与管理系统。在中央商务区地下管廊内，设有自动火灾报警子系统。光纤光栅探测器沿电缆隧道顶部纵向单根布设，单根光纤光栅探测器监测距离可达 600 m。光纤光栅采用波分复用和全同光栅混合复用的方式对电缆隧道进行分区监测。

除了火灾报警系统之外，由于高压舱中放置超高压电缆（110 kV、220 kV），管廊内还配备了超细干粉灭火系统。管廊内发生火灾的主要原因为电力线路过载、短路等。采用超细干粉灭火器，灭火效率比水灭法高，能够迅速扑灭火焰、控制火势，低毒甚至无毒，对环境影响较小，对高压供电系统损害较小。除此之外，每个防火分区还设置了气体检测器，分别监测氧气、一氧化碳、甲烷和硫化氢的浓度，当上述气体达到一定浓度时，系统可联动风机进行排风。

从规划、设计到实施，武汉王家墩中央商务区打造了一套示范性地下智慧管廊系统。目前，该项目已基本完成，正吸引着来自全国各地的参观者。

2. 北京通州智慧管廊

北京市通州文化旅游区地下智慧管廊工程涉及道路 56 条，管廊总长约 22. 8 km，高 3. 3 m，最大宽度 14 m，管廊断面采用矩形断面形式，敷设了 4～5 个相互独立、密闭性能良好的舱室，分别容纳水信、燃气、电信、电力、再生水等管线，区域内设置一处监控中心，对区内 20 条管廊进行运维管理。

监控中心内配套建设了智慧管廊运维管理平台，以保障地下管线的安全、高效运维。针对管廊内不同类型管线的不同管理需求，遵循用户的使用习惯，平台共设置综合监控、运维管理、运营管理、应急指挥、配置管理五大模块，切实为各单位提供全方位、多维度的管廊管理服务。

智慧管廊运维管理平台指挥舱的中间主屏，主要基于 BIM + GIS 技术，对区域内 12 km^2 的地表建筑、道路、灯杆、景观等市政基础设施以及地下综合管廊进行了高精度建模，形成了“地上 + 地下”全时空的数字资产。平台将实时监测数据与设备模型结合，可查看设备的实时状态、运行数值及监控图像，了解详细构件信息，方便运维人员快速切换场景，浏览特定地点廊内的真实情况（图 2. 19）。

图 2. 19　北京通州智慧管廊指挥舱大屏

（图片来源：https：//mp. weixin. qq. com/s/zsn20WZgciwAWQzW6Xr51w）

主屏两侧的副屏，显示管廊的运行工况、报警数据、状态呈现、能耗趋势及视频等信息，通过主动监测、设备自检、数据预警技术，实现智能感知、精细治理、实景指挥、科学决策和协同治理。

3. 雄安新区智慧管廊

雄安新区智慧管廊项目（图 2. 20）紧邻京雄城际铁路雄安站，是目前雄安新区最大规模的地下综合管廊，也是国内首个“预留通道 + 地下管廊”一体化项目。管廊为雄安站的运营提供专项配套服务设计，使用年限为 100 年，可为这座“未来之城”提供源源不断的地下动力，预留宝贵的地下空间，加速建立智能交通网络体系。

图 2. 20 雄安新区智慧管廊

（图片来源：https：//mp. weixin. qq. com/s/Ji0i95vWXp1uVFo8Ij7UCw）

智慧管廊采用智慧化运维，将温度监测、安防监控、智能排水、自动通风等功能融入智慧管廊，构建可视化、高标准缆线管廊。

同时，该管廊预留了地下物流系统，基于 5G 技术，运用无人驾驶技术，实现货运车辆在管廊中自动行驶、停靠，可有效缓解地面交通压力，提高城市运输效率。

2. 2. 3 智慧地下空间

随着城镇化快速发展，土地资源逐渐匮乏，亟须开发地下空间并合理利用。而地下空间的智慧化赋能，可以依托监管平台，采集有效信息，实现高效管理、高效运维。智慧地下空间建设示意如图 2. 21 所示。

图 2. 21　智慧地下空间建设示意图
（图片来源：https：//www. sohu. com/a/492195684 _ 120361751）

1. 五角场智慧地下空间

五角场智慧地下空间是上海市市级商圈，以“管理现代化、应用智能化、服务专业化”的理念，依托大数据、云计算、物联网等技术，构建涵盖商业、交通、社交、舆情等多方面信息的大数据中心，打造集交通管理、商场决策、精准营销、Wi-Fi 应用等功能于一体的智慧商圈（图 2. 22）。

图 2. 22　上海五角场智慧商圈实景图
（图片来源：https：//mp. weixin. qq. com/s/vD _ vFEn78mi3TjKksdqYlg）

基于不同使用主体的需求，运用政府、商家及第三方已有系统数据，开发用于改善消费体验的应用，如行人诱导系统、车辆引导与自动泊车系统、大五角场智能交通系统、移动应用、网络社交平台、五角场商圈呼叫中心；开发用于改善管理服务的应用，如政府决策管理分析、商业情报分析、大五角场发展舆情分析、多媒体广告精准投放以及物业管理等应用。

商圈及周边主要车库的空闲车位数据已实现联网，可通过各主要道路的指示牌实现区域停车诱导。随着商圈智慧停车系统逐步建成，后续将集成各车库的停车地图、反向寻车等功能，并展示于移动终端。

商圈内部署客流分析统计系统，基于视频识别技术，对各商场主要出入口、下沉式广场等公共区域进行客流分析和统计，并共享信息，形成整个商圈的客流数据分析系统，服务于商业决策及公共管理等多种需求。

商圈建立多系统交互平台，主要包含以下功能：商圈信息索引，如商业品牌、商业活动、企业信息、公交信息等；信息发布，如商业信息、生活服务信息、预警信息、公益信息、政府信息等；生活服务，如公共事业费缴纳、公交卡充值、电话费充值等。

2. 苏州中心广场

苏州中心广场（图 2.23）位于苏州工业园区金鸡湖西侧，毗邻东方之门，项目整体

图 2.23 苏州中心广场

（图片来源：https：//mp. weixin. qq. com/s/3GTOTc5i8ywPl1MvWcNfcg）

占地 21.1 万 m^2，净地面积 13.9 万 m^2，总建筑面积约 182 万 m^2，其中地上建筑面积 130 万 m^2、地下建筑面积 52 万 m^2。苏州中心包含 7 栋高层塔楼和裙楼，业态有大型商业、酒店公寓写字楼。

苏州中心云平台作为苏州中心的中枢大脑，囊括七大模块：视频监控系统、环境监测系统、客流分析系统、机电设备监测系统、停车场监测系统、电梯监测系统和消防 CR 系统。任一模块中的任一设备或其监控的内容发生异常，系统都会自动报错，并提供错误原因和解决方案，同时将信息推送至相关责任人的手机中。

苏州中心以打造绿色、生态、低碳、智慧、高效、多功能复合的城市综合体为理念，力求最大限度地利用能源，创造以人为本的城市环境，实现低碳城市发展目标，率先打造成江苏乃至全国领先的建筑节能和绿色建筑示范区。项目地下空间整体开发、综合利用，最大化利用土地资源；设置地下交通环路系统，将主要交通流量导入地下，缓解地面交通压力；创新设置 5 万 m^2 空中生态花园，将建筑结构与湖滨景观资源完美融合。

2.2.4 智慧地下物流

目前，以地面道路系统为依托的城市物流体系带来的问题日益显现。一方面，在城市物流运输中，货运卡车的通行对城市交通、基础设施、环境和社会等方面均造成了负面影响；另一方面，城市末端配送需求的兴起导致了新的城市交通问题，为维持城市物流业的可持续发展，对城市基础设施规划、建设与管理提出了新的挑战。

解决城市物流问题，重点在于建设、优化城市物流基础设施。城市地下空间作为城市交通、市政基础设施的主要承载空间，虽然开发量持续增长，但也存在各地下基础设施未有效连通，成网率不足，从而导致地下空间资源利用率不高、开发经济性欠佳等问题。

地下物流系统是指运用自动导向车（AGV）和两用卡车（DMT）等承载工具，通过大直径地下管道、隧道等运输通路，对固体货物实行输送的一种全新概念的运输和供应系统（图 2.24）。简单点来说，就是地下物流系统的输送管道连接城市物流中心及市内商超、仓库、工业园区、末端站点；像胶囊一样的无人车穿梭于地下隧道或大直径管道中，将包裹从地下集送中心输送至住宅楼及写字楼，实现无人化送货入户。

现代意义上的地下物流起源于 20 世纪八九十年代，以荷兰花卉运输的地下物流研究为代表。从 20 世纪 90 年代开始，美国、日本、荷兰及新加坡在连接城市重要物流枢纽（如机场、港口、工业区）的地下物流系统方面积极开展可行性研究。借助信息

图 2.24 地下物流系统概念示意图
（图片来源：https：//www. sohu. com/a/212306305 _ 649545）

化技术突飞猛进的发展以及配送需求的迅速变革，德国、英国等国家在新型地下物流运输装备方面进一步探索，通过建立测试示范，推动地下物流系统的智慧化发展。瑞士规划建设的 Cargo Sous Terrain 系统，计划于 2050 年建成总长为 500 km 的地下物流系统。

近年来，物流末端智慧化装备迅速成熟，基于城市物流配送场景的智慧地下物流成为热点方向，是智慧城市体现智慧应用和绿色发展的重要手段。加拿大多伦多滨水区规划智慧新城时提出建设基于共同配送的社区邻里地下物流系统并开展规划设计。日本丰田的“编织之城”智慧新城计划中提出将城市市政基础设施及物流设施地下化，设置地下物流运输通道。电商亚马逊、京东均提出构建智慧地下物流体系。

1. 瑞士 Cargo Sous Terrain (CST)

Cargo Sous Terrain（CST）是瑞士为改善国家交通基础设施、减轻公路和铁路网络的负担而专门创建的用于货物运输的地下物流系统。

据瑞士联邦公路局（ASTRA）和瑞士联邦空间发展署（ARE）估计，因较好的经济发展态势，到 2040 年货运量将增长 37%，而目前已有的运输路线并不能吸收这些货物量的增长，因此必须采取措施来应对交通瘫痪的威胁。同时，地面运输基础设施是存在瓶颈的，无限延伸是不可能的，因此有必要寻找创新的运输方式。

CST 系统因其具备存储功能，可在地下 50 m 的隧道中运输托盘和集装箱、单个物品和散装货物，满足市场主体即生产者、零售商和物流商的需求。2015 年该项目技术和商业可行性的研究通过确认。

CST 主要由城市中心和物流中心之间的隧道系统、城市物流系统以及 IT 控制系统组成，将先进的 IT 技术应用到物流过程中。CST 物流中心示意如图 2. 25 所示。

图 2.25　CST 物流中心示意图

（图片来源：https：//www. sohu. com/a/212306305 _ 649545）

CST 的优势在于能够提升和改善现有关键基础设施网络效能，大幅提高运输网络的可靠性。运输方式符合未来可持续发展要求，可以实现零排放，没有噪声污染。地下物流系统在城市地下，采用自动化控制系统，货物运输安全准时、高效智能，可实现全天候无中断运输；能耗低、成本低，具有商业经济效益和社会经济效益等不同层次的优势。

2. 加拿大多伦多滨水区城市配送

在加拿大政府的支持下，多伦多市计划复兴东部滨水区约 750 英亩（约 304 万 m^2）的土地。2018 年初，谷歌的母公司 Alphabet 的城市创新部门 Sidewalk Labs 获准在多伦多东部湖滨区域规划一个智慧社区。第一阶段启动区选择靠近中央商务区的码头区，占地约 12 英亩（约 5 万 m^2）。地下物流系统为多伦多滨水区创新示范应用之一，启动区内将使用地下货运隧道将包裹直接运送至建筑物，可显著减少当地街道的卡车运输量（图 2.26）。

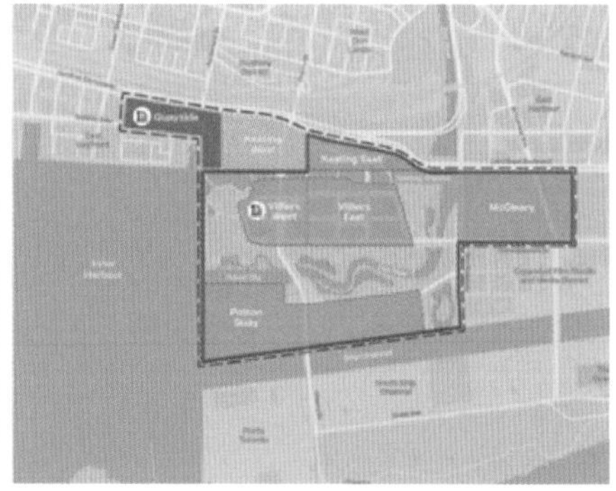

图 2.26　加拿大多伦多滨水区及启动区

（图片来源：https：//www. sidewalktoronto. ca）

快速可靠的物流服务对城市生活至关重要，但物流服务的经济成本和环境成本较高，货物运输会造成卡车堵塞街道，引起周围空气和噪声污染。其中物流配送的“最后一公里”问题最为突出。在滨水区，规划方案提出了一种创新的配送系统（图 2. 27），通过设置物流中心（其是一个集中式的邮件室和存储设施，接受来自现有运营商交付的货运包裹，如加拿大邮政或私人快递等），将中心内的货物整合在一起，并转移到“智能集装箱”中，这些集装箱可以装在自动驾驶的送货推车上，通过地下货运隧道系统运输给居民和企业等用户。这一系统将使滨水区的地面卡车运输次数减少 72%。

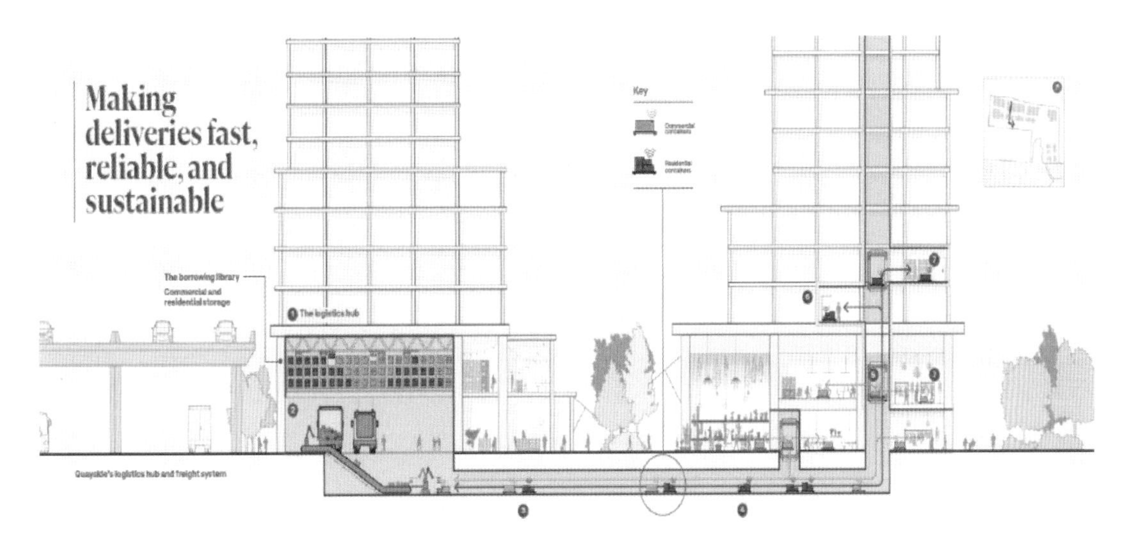

图 2. 27　加拿大多伦多滨水区地下物流配送系统

（图片来源：https：//www. sidewalktoronto. ca）

2. 3　案例分析

智慧化基础设施主要聚焦于数字化应用，通过搭建全息感知，实现基础设施的实时动态监测，通过一体化运营平台的搭建，集成多种业务功能，实现多场景下的感知、分析、决策与管控，进而达到基础设施更高效安全运营的目的。

在智慧隧道方面，目前智能化主要集中于提升隧道内部的安全性，降低隧道内部的事故率以及实现防灾等功能。通过应用多种感知设施设备，实现隧道内环境感知，实时掌握隧道内部运营环境，为管控决策提供参考。目前，大多已做智能化提升改造的隧道可基本实现感知参数的获取，部分隧道可实现事故、灾害的报警、预警功能。在事件的预案和联动控制上还有一定的提升空间。

在智慧管廊方面，目前智能化提升多应用于环境监测，通过相关感知设施设备，实现管廊内部管线综合情况的感知与监测。

在智慧地下空间方面，由于地下空间覆盖行人通道、停车场、商场等多类设施，目前多以智慧商圈建设为切入点，通过智慧商圈的建设，实现与周边停车场的联动控制，实现地下空间信息服务、行人诱导、停车诱导等功能。

在智慧地下物流方面，传统意义上的地下物流系统需要修建大型基础设施，成本较高，落地实施的案例不多。近年来，城市地下物流系统的落地研究主要集中在城市配送末端的建设，通过构建智慧末端地下物流系统，逐步实现智慧地下物流系统的建设。目前这方面已有不少城市启动了研究，大多与现有土建基础设施相结合，降低单独修建的成本，逐步实现地下物流系统的构建。

2.4 本章小结

本章首先介绍了现阶段智慧基础设施信息技术的发展概况，包括5G技术、边缘计算技术、数字孪生技术、云计算技术和大数据技术等。现阶段这些技术的发展已经逐渐成熟，被广泛应用到交通领域，使得基础设施更安全、环保、舒适、便捷和信息化。其次，介绍了当前国内外智慧交通的发展现状，包括智慧隧道、智慧管廊、智慧地下空间、智慧地下物流等。这对智慧地下基础设施体系架构的搭建起到了很重要的借鉴作用。

3 南沙横沥岛尖区域规划与建设

3.1 概　述

南沙明珠湾起步区横沥岛尖位于广州市最南端南沙新区，是南沙中央商务核心区，处于粤港澳大湾区几何中心位置。横沥岛尖北至上横沥水道，西至番中公路，南至下横沥水道，东至蕉门水道。规划用地面积为 10.31 km^2，其中，陆域面积 6.2 km^2，滩涂面积 1.1 km^2。规划人口 9.1 万，城市建设用地面积 590 万 m^2，开发建设总面积 1 180 万 m^2。项目范围大致如图 3.1 所示。

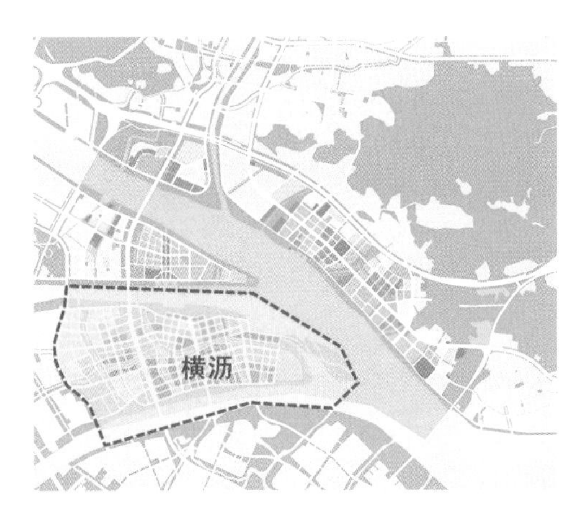

图 3.1　横沥岛尖项目范围

3.2 区域城市规划

3.2.1 用地规划

横沥岛尖包含金融区、科创区、总部区和水乡社区四大功能区，延续组团开发模式，主要功能包括商务、商业、会议、医疗、科创和居住等。其功能布局示意如图 3.2 所示。

横沥岛土地利用规划以《城市用地分类与规划建设用地标准》（GB 50137—2011）为基本分类依据，按照总体功能布局安排土地用途，以中类为主、小类为辅，并在此基础上增加或单列商业居住混合用地（B1R2）、商业商务混合用地（B1B2）、商业娱乐混合用地（B1B3）等用地类型，以更好地表达规划意图。规划用地涵盖居住、公共管理与公共服务、商业服务业设施、交通设施、公用设施、绿地等城市建设用地 6 个大类、20 个中类以及村庄建设用地和非建设用地。

其中，规划居住用地 38.23 万 m^2，占城市建设用地的 6.48%，全部为二类居住用地，主要分布在凤凰大道以西。规划商业居住混合用地 74.40 万 m^2，占城市建设用地的

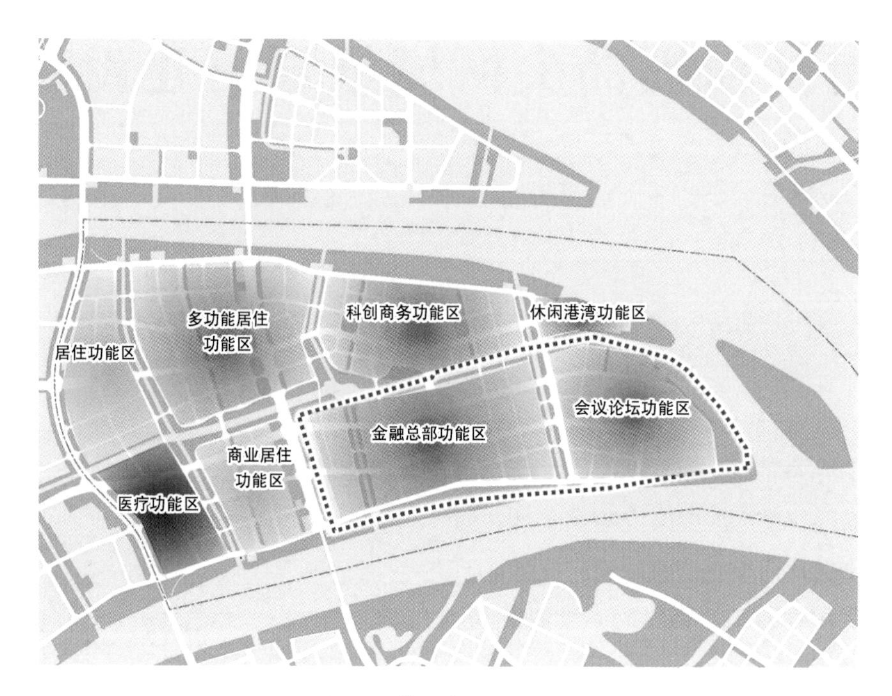

图 3.2　横沥岛尖功能布局

12.60%。商业居住混合用地中居住建筑面积占比不大于 70%，商业建筑面积占比不小于 30%，可在街坊的东西向和建筑底部设置小型商业文化设施。规划区配备相应的公共管理与公共服务设施，主要包括文化、教育科研、体育、医疗卫生及社会福利用地等。规划公共设施用地 80.49 万 m^2，占城市建设用地的 13.63%。横沥岛尖城市设计图和土地利用规划图分别如图 3.3 和图 3.4 所示。

图 3.3　横沥岛尖城市设计

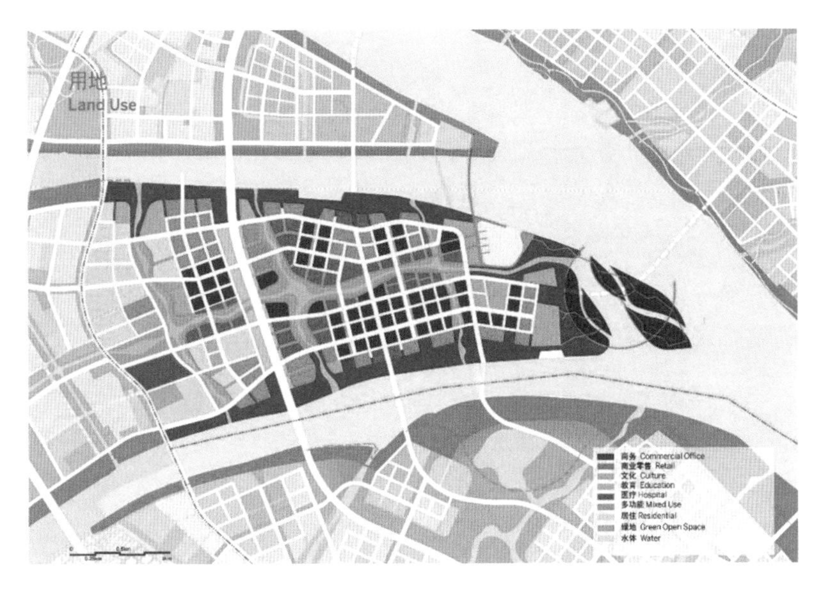

图 3.4 横沥岛尖土地利用规划图

3.2.2 功能定位

根据 2012 年 9 月 6 日《国务院关于广州南沙新区发展规划的批复》，南沙新区战略定位将立足广州、依托珠三角、连接港澳、服务内地、面向世界，建设成为粤港澳优质生活圈、新型城市化典范、以生产性服务业为主导的现代产业新高地、具有世界先进水平的综合服务枢纽、社会管理服务创新试验区，打造粤港澳全面合作示范区。

根据《广州市城市总体规划（2018—2035）》，南沙副中心是广州的未来之城，应该突出中国特色、广东特点、广州优势，高起点谋划，高标准建设。着力发展成为具有高水平的对外开放门户枢纽、绿色智慧宜居城市副中心、粤港澳大湾区综合服务功能核心区和共享发展区。依托明珠湾区、蕉门河中心区、南沙湾片区，重点打造集合粤港澳合作服务功能和城市综合服务功能的中央商务区核心区；依托南沙枢纽建设粤港澳深度合作区。

3.2.3 空间结构

横沥岛尖片区呈现“两心、一轴、三廊、多区”规划空间结构，如图 3.5 所示。

两心：围绕横沥东枢纽、横沥枢纽打造的发展核心。

一轴：依托中轴涌、横沥中路打造的横沥岛发展主轴。

三廊：依托长沙涌、义沙涌、三多涌形成的生态绿廊。

多区：8 个功能片区，包括商务、商业、会议、医疗、科创、居住等功能。

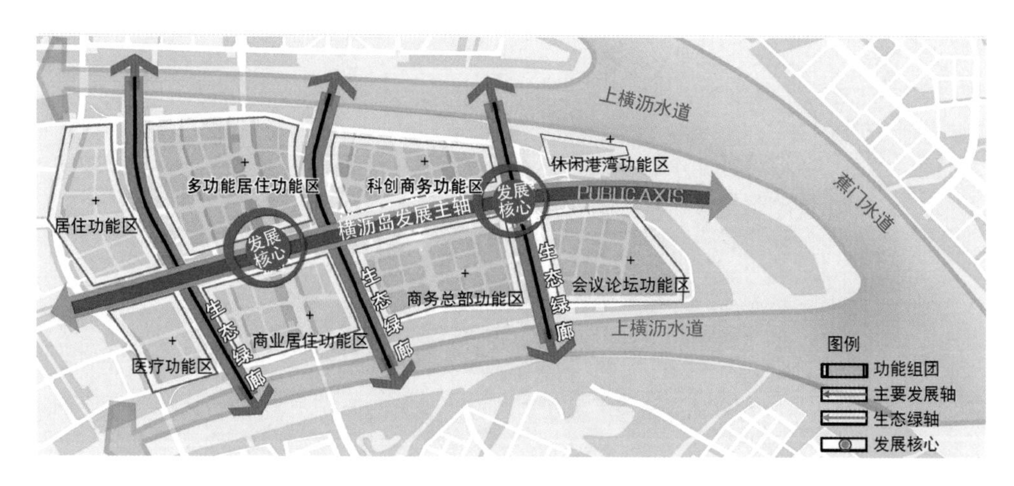

图 3.5　横沥岛尖规划空间结构布局

3.2.4　道路交通规划

明珠湾起步区道路结构为三环多射的结构（图 3.6），新建隧道与蕉门隧道、环市大道合围形成“核心内环”。此“核心内环”将串联核心区域内各岛尖组团，服务核心区域之间的快速到发交通。

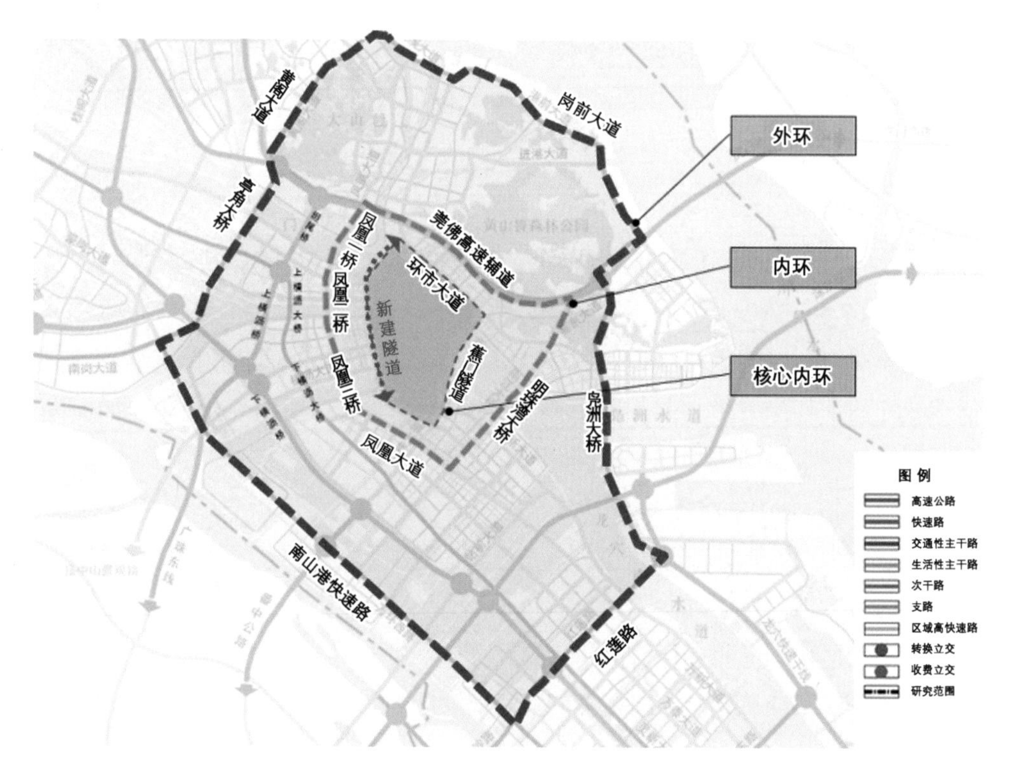

图 3.6　明珠湾起步区道路结构

外环：即“对外交通疏解环”，服务核心区域对外快速联系，同时也是过境交通与货运交通的主要疏解通道。

中环：即“湾区城区生活环”，主要服务明珠湾各组团之间的联系。

核心内环：即“核心岛尖通勤环”，主要服务明珠湾起步区岛尖、沿岸的各个核心片区之间的联系。

横沥岛尖对外交通：通过“双快”系统直达重要交通枢纽及湾区城市，畅达高效。

横沥岛尖内路网规划贯彻“窄马路、密路网”理念，打造以人为本的路网体系。规划形成“二横四纵”骨架路网结构（“二横”是指大元路、横沥中路；“四纵”是指灵新大道、凤凰大道、跨江隧道和安益路），并加密次支路网，提高路网通达性，路网密度达 9.19 km/km^2。新增 8 处立交实现节点高效转换及快速分流。道路路网结构如图 3.7 所示。

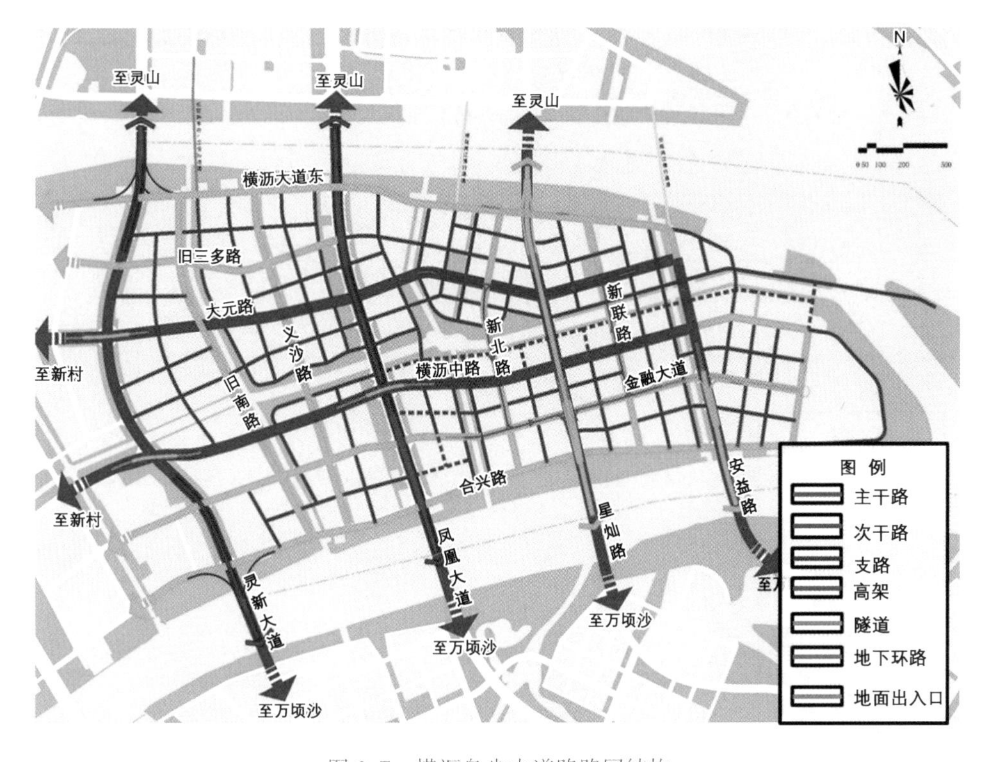

图 3.7 横沥岛尖内道路路网结构

综合考虑沿线的用地性质、交通特性、街道景观等因素，进行道路划分，在横沥岛尖内形成不同等级、不同功能的道路断面。

主干路：红线宽度主要有 80 m、60 m、42 m（标准横断面）以及 62 m（特殊横断面），根据道路的交通功能或生活功能，结合相关技术准则选择合适的断面形式。

次干路：红线宽度主要有 36 m、30 m（标准横断面）以及 24 m（特殊横断面），结合商业区、生活区、景观区要求，选择合适的断面形式。

支路：红线宽度有 20 m、18 m、15 m、12 m，一般为单幅路，商业区可考虑设置路边停车，满足临时停车需求。

3.2.5 轨道交通规划

对外轨道交通方面，南沙横沥岛内交通可通过快速轨交系统直达重要交通枢纽及湾区城市。通过知南快线等高效融入湾区铁路网，通过地铁快线 32 号线（NS2 线）、18 号线联系周边城市，实现 30 min 通达湾区核心城市和交通枢纽，60 min 通达湾区城市（图 3.8）。

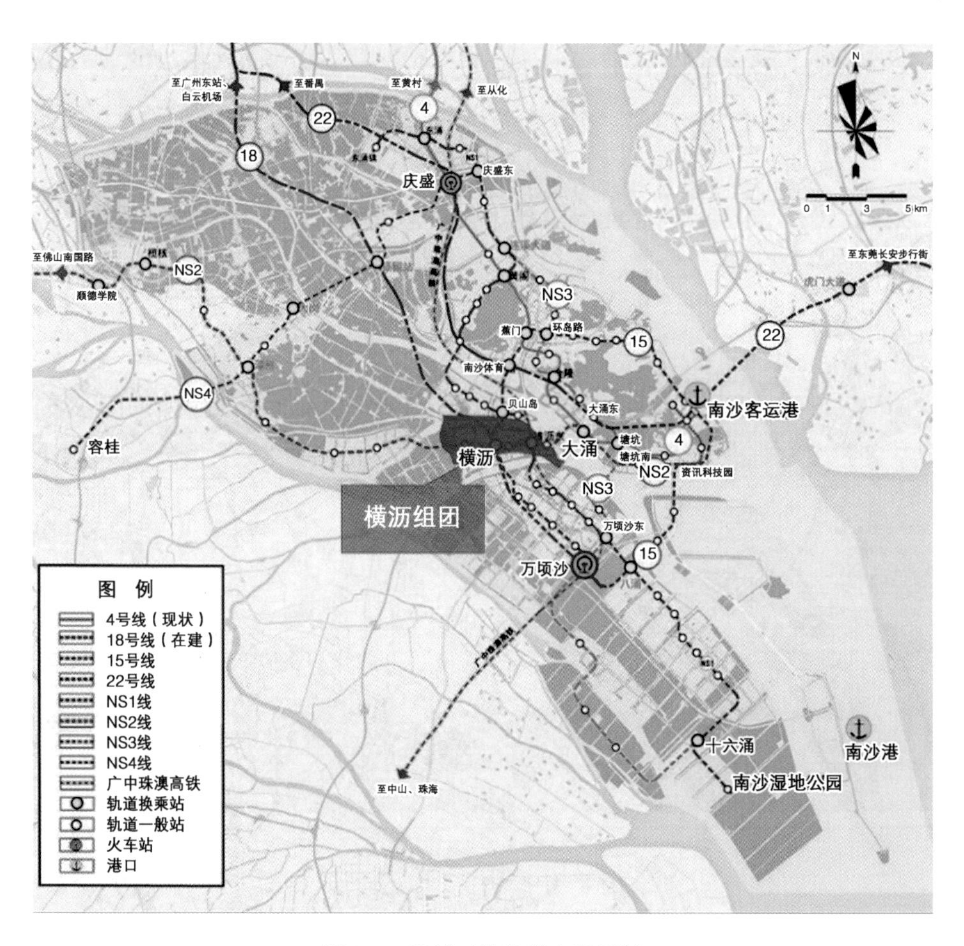

图 3.8　区域对外轨道交通规划

对内轨道交通方面，南沙横沥岛内交通可通过地铁 31 号线（NS1 线）、32 号线（NS2 线）、15 号线实现 15 min 到达南沙湾、蕉门、珠江东等邻近组团。横沥岛内部规划轨道线路 5 条，站点 5 个（含横沥站、横沥东站两大换乘中心），轨道交通站点 15 min 步行圈覆盖率达 75%（图 3.9）。

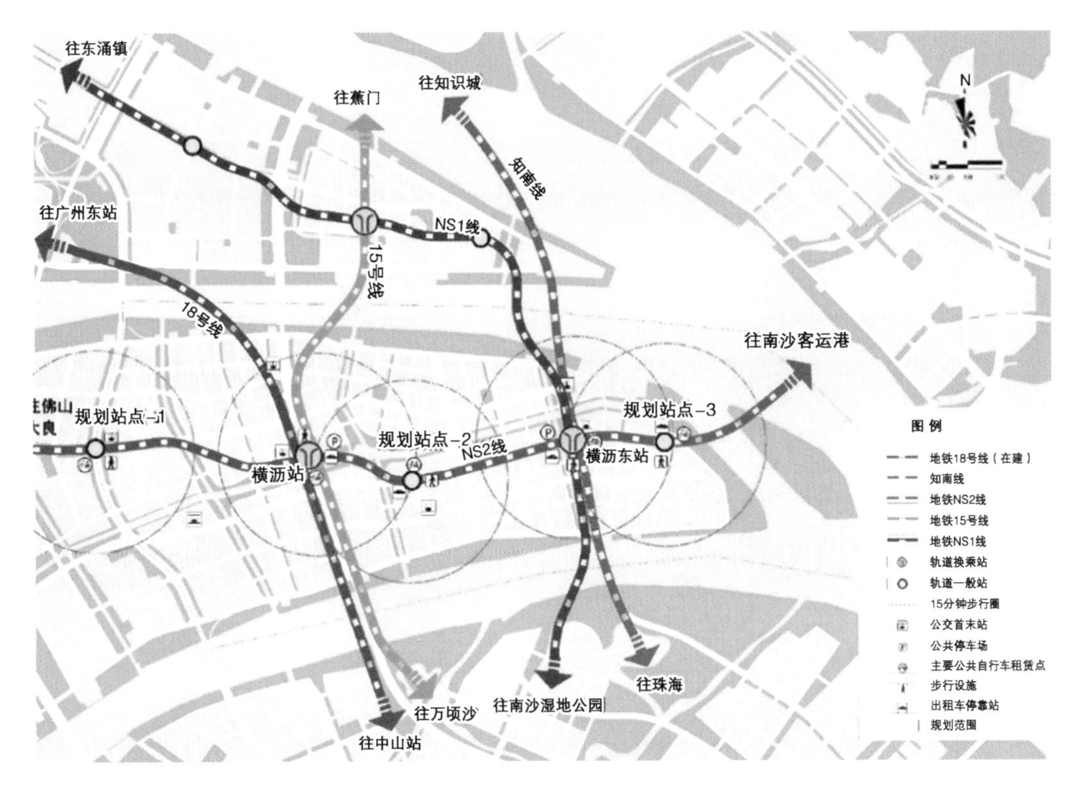

图 3.9　片区内轨道交通规划

3.3　区域地下基础设施

区域地下基础设施主要包含地下环路、地下人行空间和综合管廊三大类地下设施(图 3.10)，功能复合、结构共建、空间交错功能复杂。

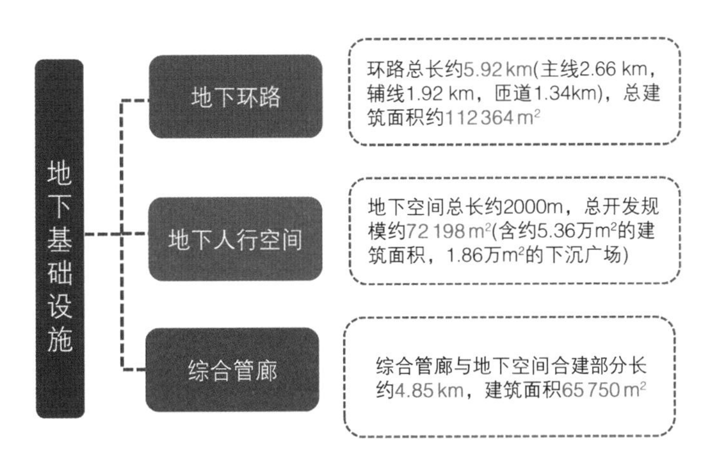

图 3.10　明珠湾起步区地下基础设施类型

采用多层次的地下空间开发策略，构建地下步行和地下车行两大交通系统。一方面，为提升轨道交通可达性和覆盖力，通过地下空间构建以横沥中路和大元路地下空间为主体的地下步行系统，覆盖区域80%以上的公共服务地块。另一方面，地下车行系统与地面道路、明珠湾跨江通道互联互通，打造横沥岛尖“多位一体”的立体交通体系，提升片区道路通行能力（图3.11）。

图3.11　明珠湾起步区复合型地下基础设施

通过地上地下一体化设计，落实“低碳节能”的建设理念，将城市轨道交通和地下商业街、地下停车场串联起来，实现交通、生活和办公的绿色融合；同时打造地上、地面、地下三位一体的立体步行体系，完善城市低碳出行体系。

3.3.1　地下环路

地下环路总长度约5.92 km，其中环路主线长约2.66 km。对外通过设置两对匝道与明珠湾跨江通道相衔接，分流凤凰大道交通压力；对内通过地下环路接口与40多个地块连通，提升服务效率（图3.12）。地下环路效果如图3.13所示。

3.3.2　地下人行空间

地下人行空间总建筑面积约为7.2万 m^2，内部以东西向步行交通空间为主，两侧配以商业店面，提高行人行走方位感、舒适感、安全感。与地铁站相衔接，有机联系周边开发地块，提升区域价值。同时，设置下沉广场形成开放空间，汇集人流、商业，最大

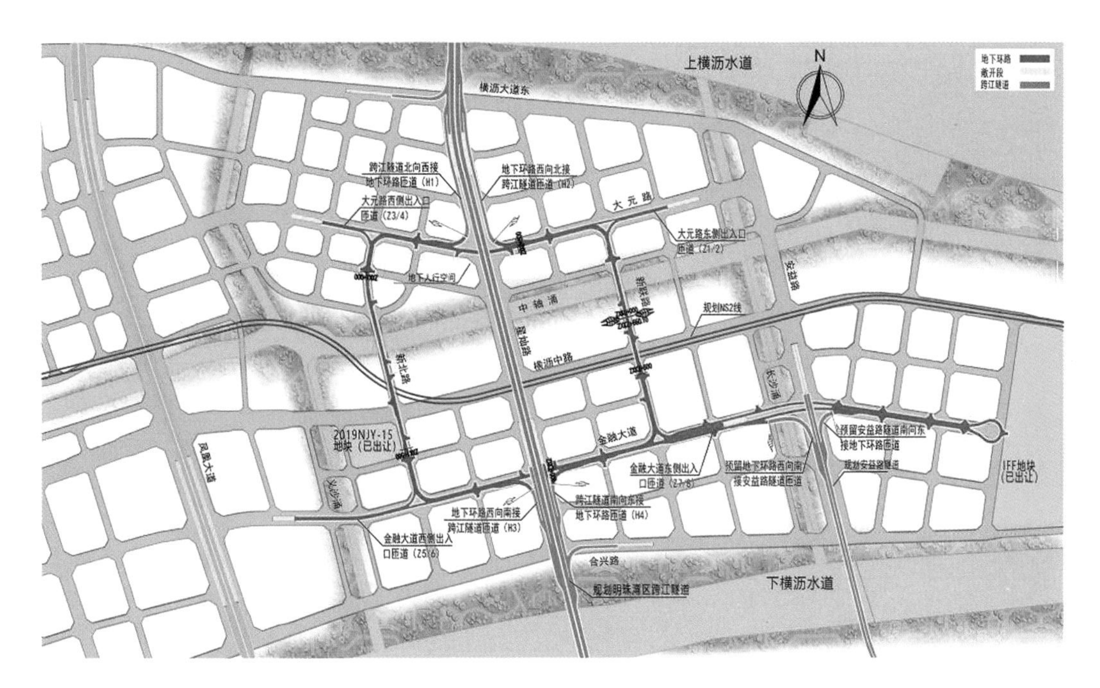

图 3.12　地下环路布局

图 3.13　地下环路效果图

程度将自然光和自然风引入地下空间，提升地下空间的品质和使用感受（图 3. 14）。地下人行空间效果如图 3. 15 所示。

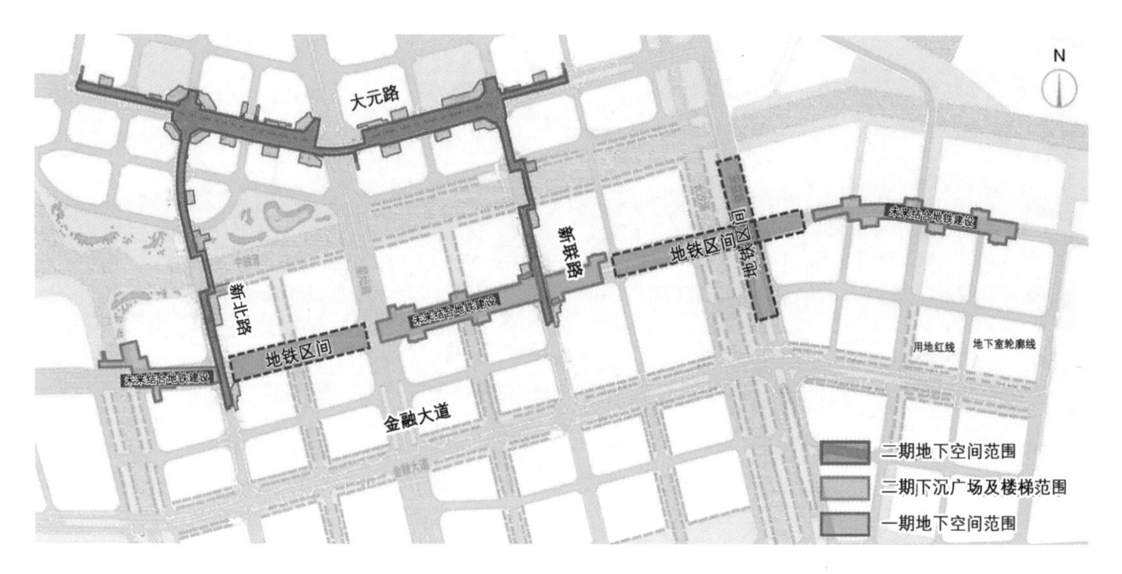

图 3. 14　地下人行空间布局

图 3. 15　地下人行空间效果图

3.3.3 综合管廊

综合管廊建设秉承“集约、绿色、智慧”的理念。综合管廊在与公共地下空间、地下环路重叠的路段采用合建方式，高度集约。合建段管廊总长约 4.9km，位于大元路、新北路、新联路及金融大道，管廊内设置了供电、监控、消防、通风、排水等各类附属设施，促进城市集约高效发展（图 3.16）。综合管廊效果如 3.17 所示。

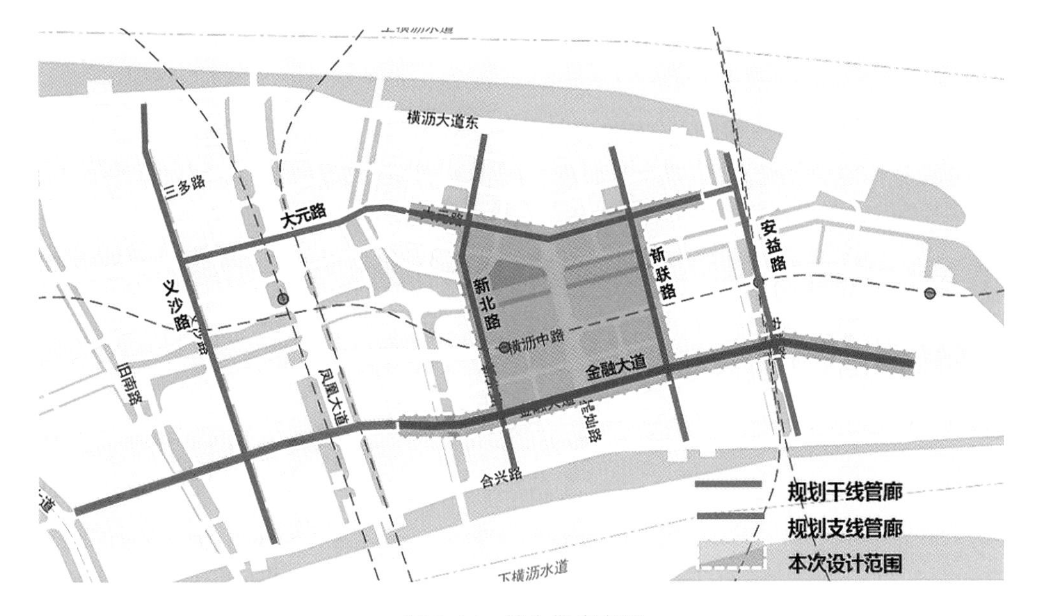

图 3.16 综合管廊布局

图 3.17 综合管廊效果图

3.4 区域智慧城市规划与建设

3.4.1 相关政策

《国务院关于印发广州南沙深化面向世界的粤港澳全面合作总体方案的通知》（国发〔2022〕13号）总体方案的第六点提到，培育发展高新技术产业，发展智能制造，加快建设一批智能制造平台，打造“智能制造+智能服务”产业链。加快建设智能网联汽车产业园，推进智能纯电动汽车研发和产业化，加强智能网联汽车测试示范，打造智能网联汽车产业链和智慧交通产业集群。第十九点提到稳步推进智慧城市建设，运用下一代互联网、云计算、智能传感、地理信息系统（GIS）等技术，加快南沙智慧城市基础设施建设，提高基础设施管理和服务能力。加快建设交通信息感知设施，建立统一的智能化城市综合交通管理和服务系统，全面提升智能化管理水平。

《广州市南沙区人民政府办公室关于印发广州市南沙区智慧城市建设走在前列工作方案的通知》（穗南府办函〔2022〕27号）要求加快明珠湾起步区智慧城市基础设施建设，充分发挥明珠湾智慧城市示范园引领示范作用，打造包括物联感知、数据分析、辅助决策等功能的城市级综合管理体系，赋能社会治理、公共安全、公共交通、生态环境、教育医疗等领域，加快数字化发展，探索可复制推广的智慧城市建设经验。强化物联网和车联网产业培育，提升物联网研发创新能力，打造智能网联汽车先导区。在明珠湾起步区进一步完善车路协同基础设施、打造智能网联汽车示范先导区。

《广州市创建“新城建”产业与应用示范基地实施方案》（穗建信〔2022〕416号）指出，南沙区以明珠湾起步区灵山岛尖“明珠湾智慧城市示范园”为关联园区，面积约3.5 km^2，依托明珠湾智慧城市建设和运营管理，在园区培育“新城建”平台经济和智能化城市基础设施产业。

《广州市南沙区信 息化与智慧城市建设“十四五”规划》明确了“十四五”期间南沙信息化与智慧城市发展的指导思想、总体思路、基本原则，提出发展总体目标、具体目标以及南沙信息化和智慧城市建设总体架构。其建设重点围绕7项主要任务和14项重点工程开展。夯实智慧城市基础设施底座、升级改造智慧治理体系是其中两项重要任务，前者包括5G网络规模部署工程、智慧灯杆部署工程、“城市大脑”升级工程等三个重要工程，后者包括智慧交通运营管理服务体系建设工程、智能网联汽车管控公共服务平台建设工程、智慧城管综合监管平台建设工程、综合行政执法智慧指挥平台建设工程等7个重点工程。

《广州市南沙区加快数字新基建发展三年行动计划》提出，到2022年实现区内行政中心区、人流密集生活区、商贸发展核心区、工业集中发展区等重点区域5G信号连续覆盖；将打造全国先进的“一脸通行”智能服务，支持自动驾驶企业开展自动驾驶载客营运测试。

3.4.2　智慧城市规划与建设情况

1. 南沙区智慧城市

(1) 南沙区全域大数据中心现状。

南沙区在开展智慧城市建设过程中，已建设有一套全域数据资源中心，统一接入南沙区各委办局的政务、物联、视频和社会等数据资源，提供统一数据存储、分类管理、数据共享、数据治理、数据管理、数据分析等平台能力及系统功能，形成满足智慧城市运行监控、决策分析的业务库、非结构化库、主题库及专题库，并开展专项数据治理及运营，保障数据资源处于良好、可用状态，为智慧城市综合管理平台的运行与应用提供大数据能力支撑及数据资源支持。

(2)“数字南沙”城运中枢现状。

“数字南沙”城运中枢是南沙区2022年“数字城市”城市运营中心建设项目的一个系统，作为南沙区智慧城市的核心，汇聚城市各行业应用的数据以及提供基础服务共性能力支撑，实现城市不同部门异构系统间的资源共享和业务协同，深入挖掘数据价值以用于城市管理和达到信息惠民的目的，并建立应用之间集成的标准，从而搭建起整个南沙区智慧城市建设的基础框架。

(3) 南沙区视频统一管理平台现状。

南沙区已建有一套全区的视频统一管理平台，平台将全区各类公共安全视频监控资源，通过区、镇平台逐级汇聚以及区级部门横向共享，形成全区统一的视频管理平台。各视频资源需求部门可按照相关视频资源管理办法的要求，通过区级视频资源统一管理平台按需查询、调阅、下载视频资源。建设内容包括：建设南沙区区级互联网视频资源汇聚平台、区级视频资源统一管理平台，整合汇聚互联网、政务外网、公安视频网专网的一、二、三类视频监控资源，实现对公共安全视频监控资源的共享共用，并为区级数字城市、委办局信息系统等应用提供视频联网与调阅的基础条件。

2. 明珠湾智慧城市

(1) 明珠湾智慧城市信息平台现状。

该项目建设了1个时空数据中心，用于整合各委办局时空数据资源，形成明珠湾起步区的BIM骨架数据以及规划设计、施工建设、城市运行维护等各个专题数据。具体包括：1套运营管理平台，利用BIM建模管理、模型轻量化、三维模拟仿真等技术，基于明珠湾城市定位和产业发展配套需要，提供城市三维导览、图层叠加、空间分析、场景切换等三维模块，构建可视化的城市空间基础信息平台；3 个示范系统，用于开展城市空间工程的模拟和决策、城市名片、城市运维管理这 3 个示范应用；1 套支撑环境，提供相关软硬件及设备支撑，包含服务器、图形工作站、相关操作系统、数据库、二三维一体化桌面 GIS 平台、二三维一体化组件式、云 GIS 应用服务器软件及城市数字平台软件等。

(2) 南沙灵山岛尖城市运营数字化综合管理平台现状。

为满足明珠湾起步区灵山岛尖城市运营管理工作的智慧化、规范化要求，由广州南沙城市运营有限公司投资建设了城市运营数字化综合管理平台（图 3.18）。主要功能包括城市的部件管理、巡查养护、物资管理三项维护工作，以及在线一张图、车辆管理、档案管理、工程管理计划管理、应急指挥、考核管理、人员管理、视频监控等业务模块。

图 3.18　城市运营数字化综合管理平台功能模块图

目前，灵山岛尖城市运营数字化综合管理平台已投入使用，主要保障运营公司将人员、车辆、城市设施管理、养护等工作内容，以工作报告的文档形式提交给明珠湾管理局，以满足明珠湾管理部门对其工作的考核要求。

2018 年完成编制的《明珠湾智慧城市总体规划方案》，围绕建设成为惠民服务全程全时、产业城市融合创新、政府管理高效精细的中央商务区目标，重点建设智慧生态体系，打造绿色智能交通系统、多国际融合的城市服务、融合创新的金融总部，规划统一的信息基础设施、城市建设管理和运营、城市服务和产业发展配套等建设内容，旨在将南沙明珠湾起步区建成具有独特钻石水城风格的智慧城市。以“岭南智慧水城，南海魅力湾区”为智慧城市建设主旨思想，全面贯彻“低碳节能、绿色生态、智慧城市、岭南特色”

的设计理念和建设技术标准，将明珠湾起步区作为“智慧南沙”的先行示范区。明珠湾智慧城市总体架构如图 3.19 所示。

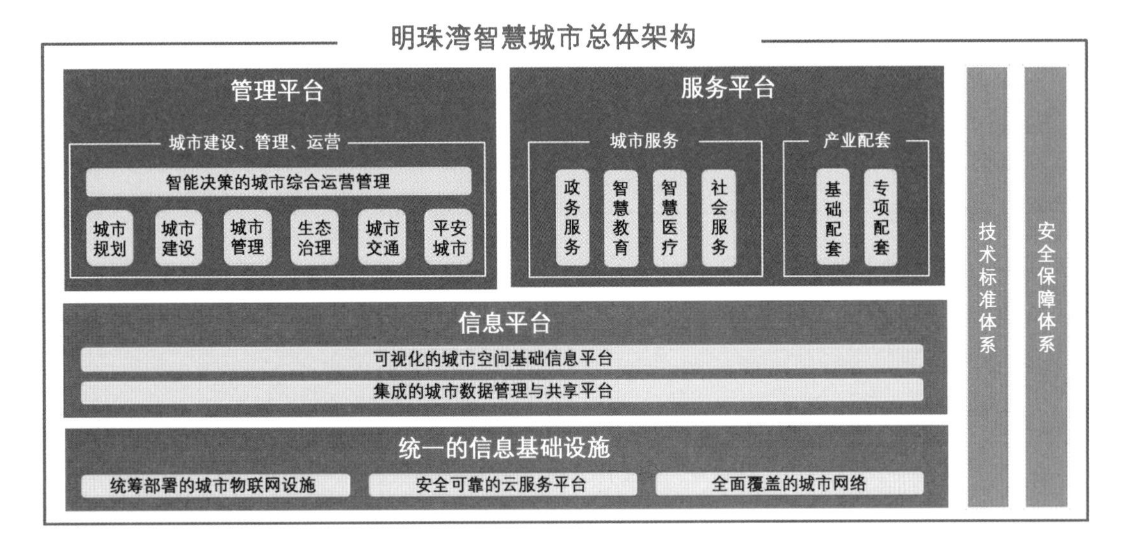

图 3.19　明珠湾智慧城市总体架构

2018 年 12 月，明珠湾起步区开发建设指挥部工程管理信息系统项目由北京建设数字公司启动建设，以管理局工作要点为中心，坚持新时期工程管理信息化建设的发展方针，创新工作思路，以网格化、信息化建设为支撑，不断提升工程质量和管理水平，为相关决策提供数据支撑，使管理层随时掌控工程建设进度和存在的问题。该项目建设目标：供管理局、横沥中心及相关的监理、施工和检测单位共同使用，有效加强建设项目的过程管理、行为管理和结果管理，提高中间过程的审批效率，形成一套较为完善的工程管理制度，并为工程结算和工程验收提供证据和依据。信息处理显示平台主要涉及硬件建设及配套软件，包括信息处理显示系统、视频监控系统和视频会议系统。

2019 年 5 月，明珠湾管理局启动城市建设运营管理平台项目。该项目作为明珠湾智慧城市的大平台，采用“平台 + 应用”的建设模式，具体内容为：建立基于 GIS 的时空数据中心，梳理整合现有时空资源成果，建立基于 GIS 的时空数据中心，为明珠湾起步区的城市规划设计、施工建设和运行维护提供时空信息服务，提供信息化基础。建设城市建设运营管理平台，平台实现局内业务部门、区委办局在明珠湾起步区范围内的数据共享和交换，为明珠湾管理局各个部门的业务应用提供时空服务。平台包括三个示范业务系统：①城市名片，作为对外展示的窗口，为招商引资、产业吸引服务；②城市空间工程的模拟和决策，进行“三通五透”、气象、环境和应急态势等三维仿真实验，为建设提供辅助；③城市运维管理，为明珠湾起步区城市精细化管理提供支撑。

2019 年 6 月，明珠湾管理局启动明珠湾起步区灵山岛尖智能驾驶示范段项目。建设智能驾驶示范段支撑系统，依托智能驾驶示范应用落地，提升明珠湾区接待来访的展示宣传水平。实现智能驾驶车辆与市政基础设施设备间的车路协同、智能联动，展示人-车-路全面协同的智能驾驶。并可视化展示智能驾驶车辆在示范段内日常运行的监控管理及轨迹信息。建设智能驾驶示范段配套示范的硬件设备，根据示范段的示范展示需求，在现有市政基础设施的基础上，适度补充建设配套支撑系统的硬件设备，为智能驾驶车辆运行提供所需的基础设施支撑，包括电力供应、交通信号、网络、道路状况信息等，以更好地展示智能驾驶技术成果。

2022 年 4 月，由明珠湾管理局联合广州南沙开发建设集团属下城市运营公司、大数据公司共同打造的明珠湾起步区城市运营管理中心开始运营。明珠湾起步区城市运营管理中心（图 3. 20）位于灵山岛尖北岸观潮听海平台处，建筑面积约 685 m^2。二层为智慧指挥中心，涵盖了鹰眼系统、明珠管家、数字化综合管理平台以及视频汇聚分析平台等分区，指挥中心是明珠湾起步区建设“智慧城市”的又一次生动落地。2020 年起，明珠湾管理局便以灵山岛尖为载体，建成了灵山岛尖数字化综合管理平台，实现数据、业务、应急、调度、决策、分析、服务等各层级信息的一体化共享、交互和集成式管理。

图 3. 20　明珠湾起步区城市运营管理中心

4　地下基础设施智慧化体系规划

4.1　概　述

智慧地下基础设施体系规划的核心工作是提出面向各种设施和各类用户需求的智慧化场景。

本章通过系统梳理上位规划资料，调研各类地下基础设施现阶段存在的问题和提升需求，开展国内外优秀对标案例，在此基础上提出横沥岛尖智慧地下基础设施建设目标和策略（图 4.1）。围绕目标要求，提出各类地下基础设施的智慧化建设场景体系，包括地下环路、地下停车、人行地下空间、综合管廊以及地下物流等设施。最终建设成具有全息感知、深度融合、优化决策、协同控制、高效管理的地下基础设施系统，树立国内地下空间开发利用的新标杆。

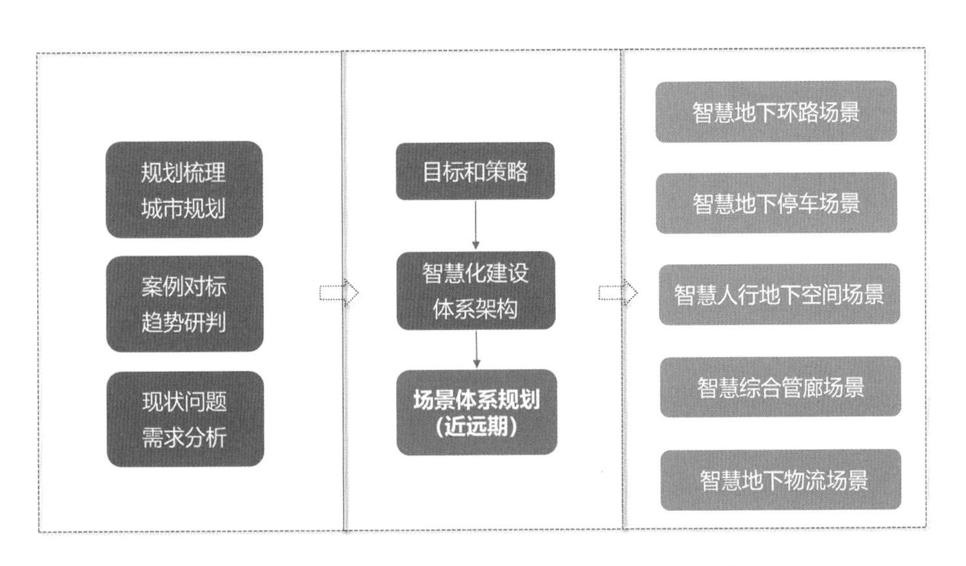

图 4.1　横沥岛尖智慧地下基础设施体系规划思路

4.2 问题与需求分析

4.2.1 地下环路需求分析

1. 现行地下环路管理系统平台

现状主流的隧道弱电信息系统设计，智能化创新应用相对较少，主要体现在以下几方面：

(1) 感知数据不全面、利用不充分，信息加工深度不够，数据分析缺乏深度和广度。

(2) 系统集成度不高，各子系统相对独立，设备联动程度不高。

(3) 重监轻管，以人工为主，缺少主动式管控。

(4) 对未来功能可扩展性的预留不足，可拓展性差等。

2. 新问题与挑战

随着地下道路规模化、类型多、网络化的趋势发展，路段内交通和运营安全也出现了新的问题（图4.2）。不同等级地下道路有各自防灾标准和设施配置要求，衔接之后，运营管理需要一体化统筹考虑，重新整合原有系统（衔接段一定距离内），以确保运营管理能够协同联动。

图4.2 新问题与挑战

以安全防灾为例，由于环路复杂的布局和火灾事故发生的随机性，预设的防灾预案难以涵盖所有情况，也难以实现环路、地块内多设施的联动。地下环路环境复杂，发生火灾时，烟雾扩散态势等难以预判，无法为排烟、控烟、疏散救援提供有效的决策依据。

3. 不同应用主体的需求

地下道路应用主体包括道路使用者、运营管理部门、政府管理部门以及地块物业公司等单位，不同主体的需求不尽相同。

(1) 地下道路使用者需求：综合信息服务、明确合理的交通引导、行车安全与舒适等。

(2) 道路运营管理部门需求：交通量监管、设施设备监控、基础设施维护、紧急事件管理、接入地块的车位信息、地块突发运行状况（火灾）信息等。

(3) 政府管理部门需求：交通违法执法、交通拥堵和事故管理、交通信息采集与发布、特种运输车辆的管理、火灾紧急救援等。

(4) 地块物业需求：环路养护封路信息、环路出入口运行状况、环路交通事件和拥堵信息、环路火灾等事件信息等。

4.2.2　地下停车系统需求分析

随着片区地下空间连通规模的扩大，连通的地下车库数量增多，联系的停车泊位更多，对片区地下停车交通系统的高效组织提出了新的挑战。然而，目前未有成熟可借鉴的智能化解决方案。

片区大规模的地下停车系统在运营中会产生如下问题：

(1) 车辆通过地下道路进入地块车库时，由于出入口较多，其方向识别性较差，容易误判绕行。如何加强地下定位信号，利用移动端导航，确保驾车人准确到达目标地下车库?

(2) 不同性质的地块，即商业、居住、其他地块存在不同的停车特征，如何使片区停车资源利用最大化，实现不同停车场之间的联动和共享?

(3) 地下停车场、地下环路分属不同的管理主体，如何充分互联互通信息，实现协同管理?

(4) 地下单个超大体量停车库面临“找车位难”“反向寻车难”等痛点，如何通过新技术缓解问题?

因此，片区地下停车系统亟须智慧化赋能管理，通过智能技术和科学管理，有效提升片区地下停车资源利用效率和管理水平，创造便捷畅通、舒适安全的停车体验。

4.2.3　人行地下空间需求分析

与地面人行空间不同，地下人行通道的封闭空间存在诸多不利因素：环境方面，温湿度难保障、有害气体易聚集；出行体验方面，地下建筑物较单调、方向辨识度不高；安全救援方面，逃生通道隐蔽、消防保障要求较高；交通组织方面，地下人行流线复杂多样，管理难度较大。针对上述问题，需采用人本、智慧、低碳的设计理念，制订高标准设计方案，以保证地下空间的安全性、舒适性和服务品质，并满足未来地下空间服务体系的拓展需求。

4.2.4 综合管廊需求分析

综合管廊的运营管理方案，以城市发展战略为指引，依据《城市综合管廊工程技术规范》(GB 50838—2015) 及相关技术标准，科学设计、适度超前，构建协作型机制、分布式运行、集约化管理、智能化支撑、统一化运维的城市综合管廊运营管理模式，实现综合管廊的高效运行。

(1) 综合管廊有复杂的建筑体形式，包含众多复杂的业务流程，包括运行监控管理、设备设施管理、视频管理、告警管理、运行维护管理、报表分析、应急处置和能耗管理等，这些业务流程需要统一整合到管廊综合管控方案中。

(2) 为提高管廊运营效率，降低运营风险及成本，亟须运用 GIS、GPS、大数据、物联网、机器人、BIM、人工智能等信息技术，进行智能化运营管理，从计划管理、运维检修、应急指挥、资产管理、大数据分析等方面实行集约化管理，建立统一的管理运维平台。

(3) 管廊运行后产生大量的、多种类的数据，为保证数据的完整性，充分挖掘各系统之间的数据关联性，建议采用专家库实现知识挖掘技术，自动生成预案，实现智慧决策。

(4) 由于管廊系统管理设备众多，监控内容庞杂，随着系统规模逐渐扩大，由现场监控系统到区域分监控中心再到主控中心各层级逐步建设，对系统的开放性和扩展性要求越来越高。

4.2.5 末端配送需求分析

随着我国新型城镇化建设的深入以及电子商务的不断发展，货运系统在城市建设结构中的占比愈加重要，城市货运与城市可持续发展之间的矛盾也不断凸显。“最后一公里”的城市物流末端服务往往是影响物流运送效率和质量的重要因素。传统快递“最后一公里”配送模式服务低效，主要存在以下问题：配送人员“车乱停、人乱窜”，高峰占用电梯、违反交通规则等；快件包裹“脏、乱、差”，分拣乱摊乱摆，侵占公共道路等。

现状末端配送的主要模式是：各快递公司各自聘用快递员，通过小型机动车或电瓶三轮车从上级网点取件，送达各办公楼。在办公楼周边随机占用道路慢行空间进行分拣、联系取件人，快递员在楼下等待取件或上楼配送。该模式会引发一系列交通和环境问题：配送车辆运输效率低，占据道路空间，加重交通拥堵；行驶速度较快，增加道路慢行系统的安全隐患；配送车辆乱停、乱放，占用公共道路空间分拣；管理难度大，影响城市环境品质。

对于即时配送，则存在外卖系统电车乱停乱放、高峰时间占用电梯、配送人员为在指定时间内送达货物而经常违反交通规则、取餐现场杂乱、配送车辆侵占公共道路、人员流动性强以及配送服务低效等问题。

针对以上问题，为避免区域建成后的快件配送乱象，有必要发展合理、节能的末端智慧物流配送模式。

4.3 体系架构规划

4.3.1 体系框架

以横沥岛尖地下空间问题为导向，从管理者、使用者等不同主体的需求出发，兼顾技术成熟度、效益价值和适应性，近、远期相结合，系统构建了南沙横沥岛尖“1＋2＋3＋N”智慧地下基础设施体系架构（图 4.3）。具体包括：1 个运营管理平台；2 个支撑体系，即基础网络和管理中心；服务 3 个领域，即人行地下空间、车行地下空间、综合管廊；建设各领域 N 个细分模块场景。

图 4.3 智慧地下基础设施体系

运营管理平台将创新打造地下基础设施协同管控模式，实现地下空间全要素（基础设施、人、车、环境）感知、全局洞察、闭环管控、一屏统管，提升运维管理集约化、精细化水平。

在建设场景方面，远期将建设智能网络和自动驾驶交通的应用场景，重点实现区域的智慧物流末端配送、自动驾驶公交接驳等。

4.3.2 基础网络规划

在南沙横沥岛尖地下基础设施建立有线和无线通信网络。以地下环路为例，有线通信网络（紧急电话网、设备监控网、视频监控网）和无线通信网络规划如下。

（1）紧急电话网：地下环路采用光纤型紧急电话系统，环路内每约 100 m 设置 1 台紧急电话分机，在环路中控室设置 1 台紧急电话主机，紧急电话所用的传输媒介为光缆（与广播系统合用）。

（2）设备监控网：环路内外的可变信息标志、可变情报板、车辆检测器采用以太网光端机通过光纤点对点接入就近以太网交换机。

对于其他隧道内外场监控机电设备，则先用电缆接入就近的隧道本地控制器，根据设备类型采用相应的 RS485/DI/DO/AI 接口，在每个本地控制器各设置一套工业以太网交换机。环路内所有的工业以太网交换机采用单模光纤组成光纤环网，将环路内外场设备数据上传至环路中控室。

（3）视频监控网：环路内 1～2 台摄像机处设置 1 台工业以太网交换机，在环路设备用房内设置 1 台视频以太网交换机，外场工业以太网交换机与机房中的视频以太网交换机构成视频监控以太网环网。通信系统提供的单模光纤与中控室的视频以太网交换机相连，通过视频存储服务器、存储硬盘进行存储。

（4）无线通信网：环路内无线通信系统包括调频广播系统、环路专用无线对讲系统（400M）和公安消防 350M 集群调度系统。本系统在环路内顶部敷设泄漏电缆，在环路洞口设置室外定向天线、在环路附属用房设置室内全向天线，对机房进行信号全覆盖。本系统为运营商的 4G/5G 网络预留电源，为机房提供接入条件。

4.3.3　管理中心规划

管理中心是地下空间工程的配套服务用房，集中设置于地面公共绿地内；用景观建筑设计手法融入绿地环境，服务于地下环路、地下人行空间、横沥中路隧道、全岛综合管廊；具有交通管理、养护、防灾报警、设备监控以及紧急事件的应急处理和全线信息的集散与交换等功能。管理中心经济技术指标详见表 4.1，其总平面图如图 4.4 所示。

表 4.1　管理中心经济技术指标

序号	名称	技术指标	备注
1	总用地面积	4 760 m^2	
2	总建筑面积	6 391 m^2	
	地上建筑面积	3 709 m^2	
	地下建筑面积	2 682 m^2	含不少于 2 000 m^2 人防面积

（续表）

序号	名称	技术指标	备注
3	占地面积	1 196 m^2	
4	建筑密度	25.1%	
5	容积率	0.78	
6	绿化率	25.5%	
7	停车	60 辆	
	地面停车数	14 辆	其中大车车位 10 个
	地下停车数	46 辆	

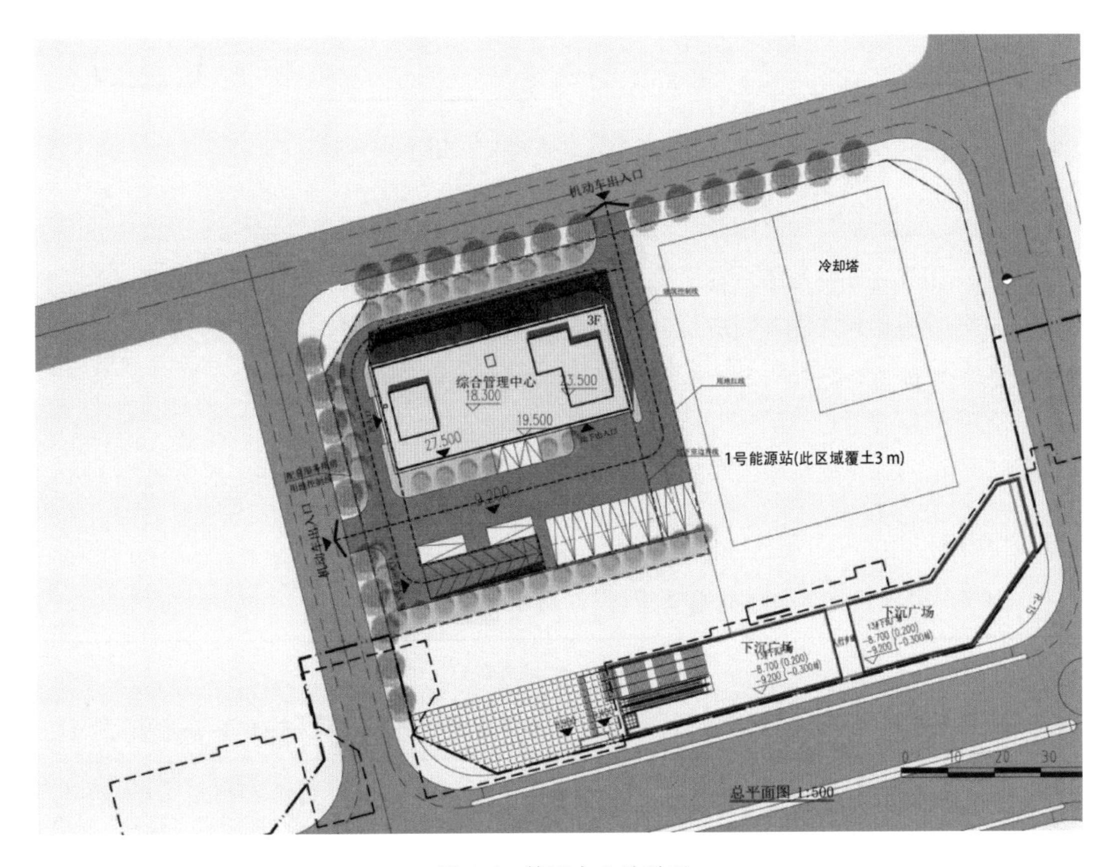

图 4.4　管理中心总平面

管理中心配备隧道综合监控控制中心、环路综合监控控制中心和管廊综合监控控制中心，对地下环路、地下人行空间、横沥中路隧道和全岛综合管廊进行集中的运营和管控。

4.3.4 应用场景规划

对地下基础设施的智慧化建设应用场景进行系统研究，从使用、应用和分级三个维度构建智慧应用场景体系（图 4.5）。

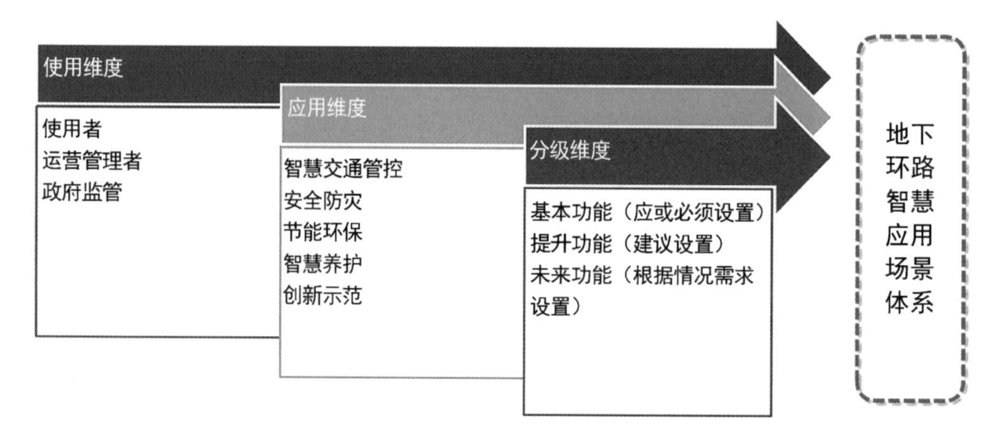

图 4.5　智慧建设场景体系构建思路

使用维度主要是针对使用者、管理者和政府监管的应用需求梳理构建智慧化建设场景体系。应用维度主要是结合地下道路现状、问题及典型案例调研结果，根据地下基础设施的运营安全和管理等不同应用场景要求去构建。分级维度则是根据智慧化场景模块所能实现的功能等级进行场景体系的构建，各等级功能描述如表 4.2 所示。

三个维度相互关联、相互支撑，应用维度场景和功能分级维度场景服务于使用维度应用需求，应用维度场景决定了分级维度场景服务功能等级，而使用维度应用需求又主导应用维度场景和功能分级维度场景的确定。

表 4.2　分级维度下各功能等级描述

	功能等级		
	Ⅰ级 基本功能	Ⅱ级 提升功能	Ⅲ级 未来功能
功能描述	技术成熟，可规模应用	技术相对成熟	以示范试点为主，大规模应用仍需技术上提升或者政策等支持
	解决“刚需”问题，实施后具有显著效果	实施后整体显著提升智慧化水平	采用车路协同、自动驾驶等创新技术
	在配置上“应或必须”设置	在配置上建议“宜”设置	根据示范要求“可”设置

4.4　智慧地下环路场景规划

根据建设思路、目标和原则，结合横沥岛尖地下环路实际需求，分步考虑了近、远期实施。近期实施以全路段实施或示范试点为主，远期实施则重点做好空间和管线配套的预留。建立了南沙地下环路智慧化场景体系，形成了“4 大功能模块 + 24 类建设场景”，如表 4.3 所示。

表 4.3　地下环路智慧化建设场景

建设模块	建设场景	子项场景与功能描述	服务对象	技术分级	分期实施	实施范围	实施内容	实施难度	实施效果	实施方	与横沥结合度优先程度
交通管控	交通流参数与交通事件监测	断面交通流采集（速度、流量）	管养单位/交警	基础功能	近期	典型断面	硬件	低	良好	建设方/交警	①
		视频分析监测典型事件（停车、行人闯入等）	管养单位	基础功能	近期	全线	软件	低	良好	建设方/交警	①
		实现环路全线交通流监测	管养单位	提升功能	近期	全线	硬件+软件	低	良好	建设方/交警	①
		全息感知、数字化轨迹、车辆跟踪	管养单位	未来功能	远期	全线	软件拓展	难	一般	运营方	③
	交通流态势分析与预警	实时运行状态基础研判	管养单位	提升功能	近期	全线	软件	中	良好	建设方/交警	②
		基于大数据积累，AI 研判与自学习分析态势预测	管养单位	未来功能	远期	全线	软件拓展	难	良好	运营方	②
	地上-地块-环路出入口协同联动控制	根据交通流状态判别，实时进行匝道控制管理、地块出入口管控等	管养单位/交警	提升功能	近期	特定路段	硬件+软件	中	良好	建设方/交警/地块	②
		根据事先的指标与标准，人工确认、人工控制									①
		自动判别、自动控制	管养单位/交警	未来功能	远期	全线全路段	软件拓展	难	良好	建设方/交警/地块	①
	重点危险路段安全管控	超限车辆管理，不同限高衔接段，防止超限车辆进入，超高信息警告	管养单位	基础功能	近期	特定路段	硬件+软件	中	良好	建设方	①
		弯道安全预警，监测事件，可变情报板安全预警告知	使用者	基础功能	近期	特定路段	硬件+软件	低	良好	建设方	①

（续表）

建设模块	建设场景	子项场景与功能描述	服务对象	技术分级	分期实施	实施范围	实施内容	实施难度	实施效果	实施方	与横沥结合度优先程度
交通管控	区域诱导一体交通诱导与信息服务	地上入口一体化诱导、交通流量均衡									①
	地下定位与位置服务	服务使用者导航，实现地上地下一体化连续导航，地块引导									②
		服务管养人员、养护车辆安全监管	管养单位	未来功能	远期	全线	硬件+软件	中	良好	运营方	②
		与地块车位信息联动，实现一键导航至车位	管养单位	未来功能	远期	全线	软件	难	良好	运营方	①
	车路协同技术应用	面向智能车辆服务，提供交通信息服务，实现车-路基础设施、车-车通信，提升隧道运营安全和效率	使用者	未来功能	远期	全线	硬件+软件	中	良好	建设方	③
	自动驾驶接驳公交	环路内部实现自动驾驶公交，用于区域公交接驳	使用者	未来功能	远期	全线	硬件+软件	中	一般	第三方运营	④
安全防灾	火灾烟雾监测与早期火灾控制	基于隧道视频烟雾分析功能作为早期火灾监测手段，联动消防设施，进行早期人工干预控制	管养单位	提升功能	近期	全线	硬件+软件	中	良好	建设方	①
	消防设施性能实时评估	对隧道消防设备监测和状态进行评估	管理者	基础功能	远期	全线	软件	低	一般	建设方	②
	火灾智慧监测	提升火灾识别率、减少误报；早期火灾识别和提升火灾的空间定位	管理者	提升功能	远期	示范	软件	中	良好	建设方	③
	火灾态势预测与研判	火灾风险预测、火源快速定位、实时火灾预测	管理者	提升功能	近期	示范	软件	难	良好	建设方	②
	水灾智慧监测与防控	水位自动监测、入口自动防淹门设施等	使用者	提升功能	远期	示范	硬件+软件	低	一般	建设方	②
节能管控	智慧照明控制	洞口亮度实时调节	管养单位	提升功能	近期	全线	软件	中	良好	运营方	②
		隧道内部照明参数实时调控；同时结合光导照明作为辅助照明	管养单位	提升功能	远期	全线	软件	中	良好	运营方	②

（续表）

建设模块	建设场景	子项场景与功能描述	服务对象	技术分级	分期实施	实施范围	实施内容	实施难度	实施效果	实施方	与横沥结合度优先程度
节能管控	智慧风机控制	隧道风机物联网化管理；风机运行参数可实时调控；通过实时采集隧道内空气质量参数，输入控制模型，调整风机运行策略	管养单位	提升功能	远期	全线	软件	中	良好	运营方	②
	智慧隧道能源管理	各分类能耗监测、能耗分析、数据统计、智慧管控	管养单位	提升功能	远期	全线	软件	中	良好	运营方	①
		三维可视化管理									
运维养护	养护管理作业	隧道和机电设施的数字化和信息化；日常养护管理、提醒、养护流程管理、养护预案执行	管养单位	基础功能	近期	全线	软件	低	良好	运营方	①
	移动端应用模块	运行监管、预案启动情况、设备监控、人员管理等	管养单位	基础功能	近期	全线	软件	低	良好	运营方	①
	运营管理预案	各种运营和应急状况下管理控制预案	管养单位	基础功能	近期	全线	软件	低	良好	运营方	①
	设备设施智慧管理	设施状态远程监控，养护信息数据库	管养单位	提升功能	近期	全线	软件	低	良好	运营方	③
		设备智能诊断，提前预防	管养单位	提升功能	远期	全线	软件	难	一般	运营方	②
	土建结构健康监测	通过埋设各类结构监测传感器对隧道结构健康进行监测	管养单位	提升功能	近期	重点区域	硬件＋软件	低	一般	运营方	③
		数据实时分析和预警，制订相应养护策略和计划	管养单位	提升功能	远期	全线	软件	难	一般	运营方	③
	AR智慧巡检	移动式智慧巡检	管养单位	提升功能	远期	全线	硬件＋软件	中	一般	运营方	②
	智能巡检	隧道内布置轨道式巡检机器人或轮式巡检机器人，对隧道结构健康、火灾、交通事故、路面损坏等进行实时侦测和报警	管养单位	未来功能	远期	全线	硬件＋软件	难	良好	运营方	③

4.4.1 交通管控模块

1. 区域一体化交通诱导与信息服务

区域一体化交通诱导与控制系统是一种面向地下道路及周边地面道路交通出行服务的信息化系统。通过建设覆盖路网、洞口、地块开口的多级诱导标志体系（图 4.6），实现路网、车位信息发布，诱导交通，均衡分配交通流，预防和缓解交通拥堵。

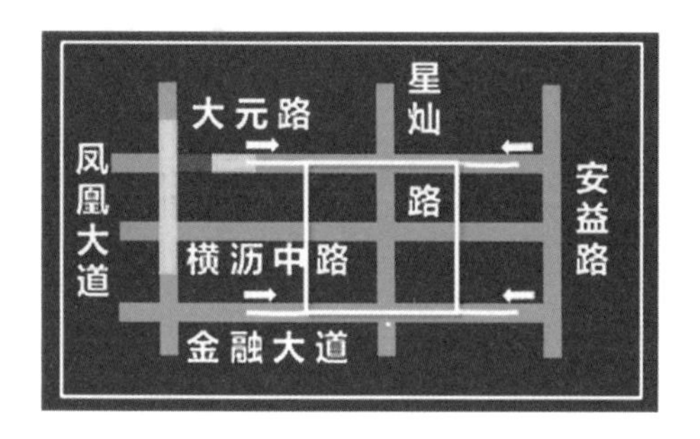

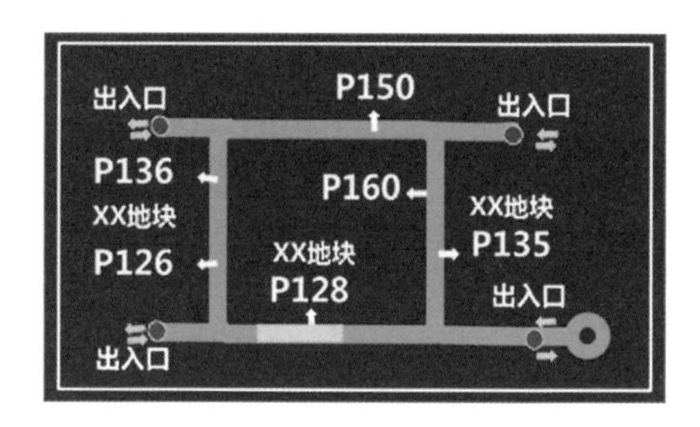

图 4.6　多级诱导标志体系

2. 地下定位与位置服务

针对地下道路内导航信号缺失、寻路难的问题，建设环路车行导航系统，为驾驶人员提供精准高效的交通引导服务，为管养人员、车辆提供精确便捷的定位服务。针对停车难、反向寻车难的问题，建设室内定位系统，结合区域停车平台，为驾驶人提供丰富的停车服务，包括车位级导航、反向寻车等（图 4.7）。

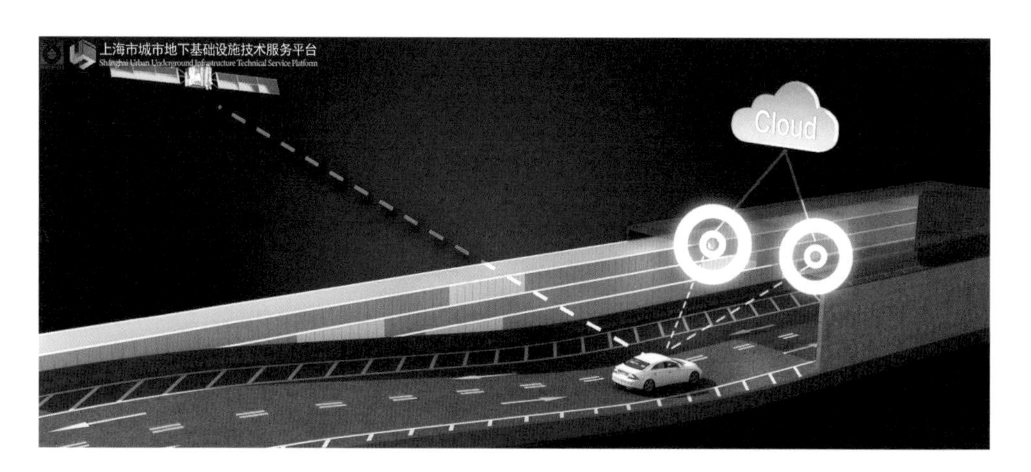

图 4.7　隧道地下定位与导航

3. 车路协同技术应用

基于车路协同技术，实现车-路、车-车通信，实现隧道智能网联车辆的交通引导、交通管制、信息发布、突发事件预警、碰撞预警、行人预警、盲区预警等功能，提升隧道通行效率和运营安全水平（图 4. 8）。

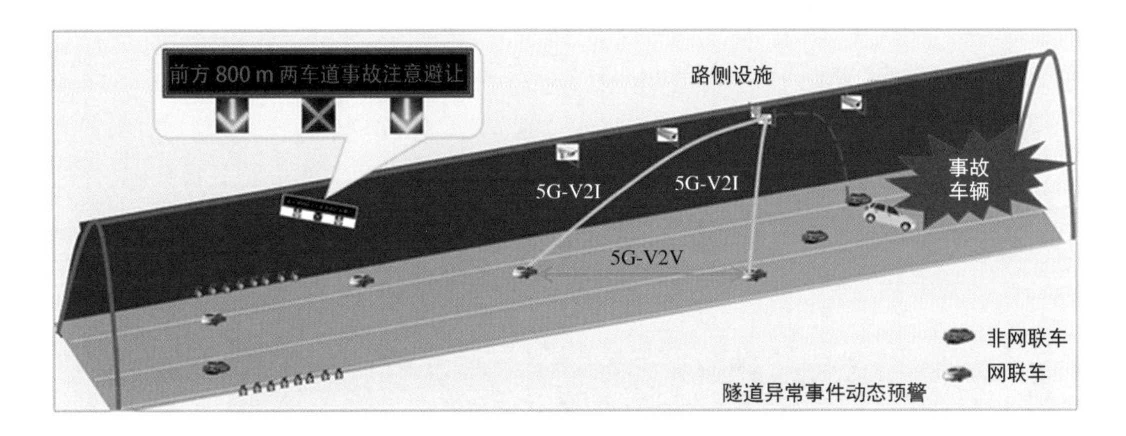

图 4. 8 车路协同应用

4. 自动驾驶接驳公交

结合地块未来需求，建设基于车路协同的地下无人物流配送、无人接驳小巴等丰富的应用场景，提升出行体验及区域品质（图 4. 9）。

图 4. 9 自动驾驶接驳公交应用

4. 4. 2 安全防灾模块

1. 火灾烟雾监测与早期火灾控制

隧道内常规使用的光纤光栅等传感器，对于火灾的早期发现不足，消防系统联动功能弱。而采用隧道视频烟雾分析功能，可以识别早期的火灾情况并报警，与消防报警主机及自动灭火设施联动，实现火灾的早期干预和自动化控制（图 4. 10）。

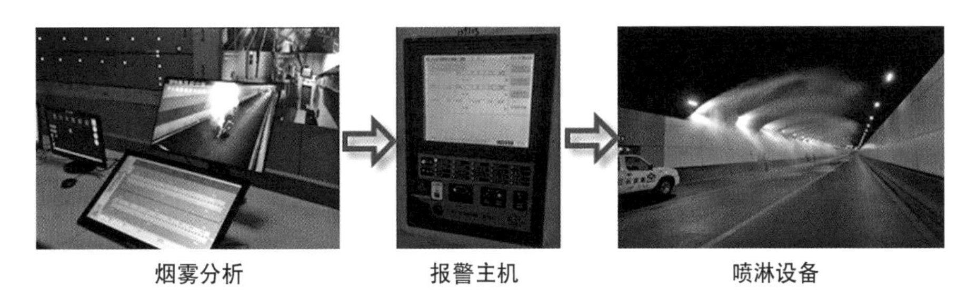

图 4. 10 火灾早期烟雾监测及控制

2. 消防设施性能实时评估

结合隧道管理平台，建立消防设施的智慧养护管理系统，将隧道消防设施日常检查、在线检测的业务信息化，对地下环路防灾设备（火灾报警系统、消防给排水系统、通风排烟系统等）的运行状态和服役性能进行评估，制订有针对性的维修计划。

3. 火灾态势预测与研判

通过内置算法模型，进行火灾风险预测、火源快速定位、实时火灾态势预测。根据地下环路防灾设施传感器实时监测的多源异构数据，利用深度学习模型分析，确定火源点位置、火源规模、烟气场和温度场等关键信息（图 4. 11）。

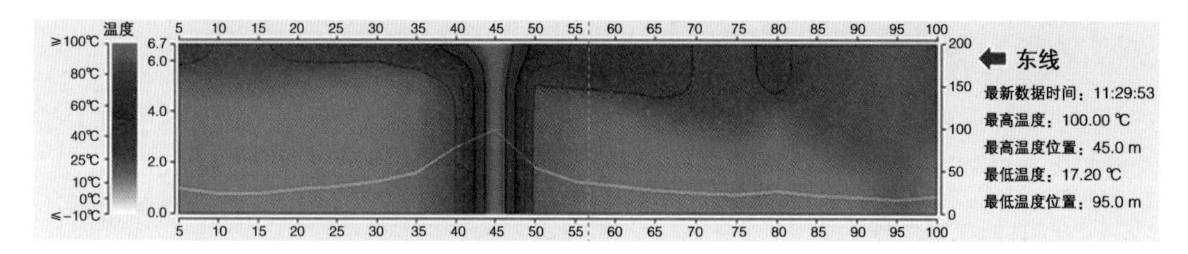

图 4. 11　火灾态势预测与研判

4. 水灾智慧监测与防控

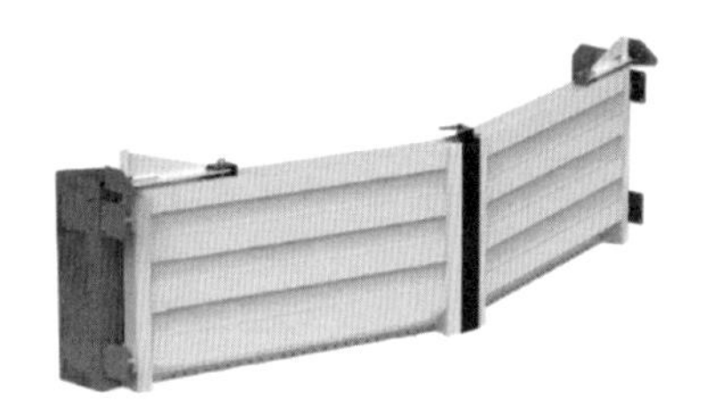

图 4. 12　隧道自动防洪门

针对隧道内积水发现不及时、管控不到位的问题，制订隧道水灾应急预案，对环路周边及内部的积水位自动监测，及时预警，并联动隧道入口自动防洪门（图 4. 12）、管控闸机等设施，对外部汇入水流、车流进行及时管控，防止因洪水管控不及时造成的人身伤害及财产损失。

4. 4. 3　节能管控模块

1. 智慧照明控制

针对隧道照明系统能耗高等问题，增加洞口亮度实时调节、隧道内部照明参数实时调控、光导照明等措施，科学调节隧道内照度，保障隧道行车安全需求、降低照明能耗（图 4. 13）。

2. 智慧风机控制

通过实时采集隧道内 CO、VI（能见度）及 $PM_{2.5}$ 等空气质量数据、火警数据、交通流数据，结合污染物预测模型、隧道管理预案，动态调整风机运行策略，保证隧道环境质量，降低能耗（图 4. 14）。

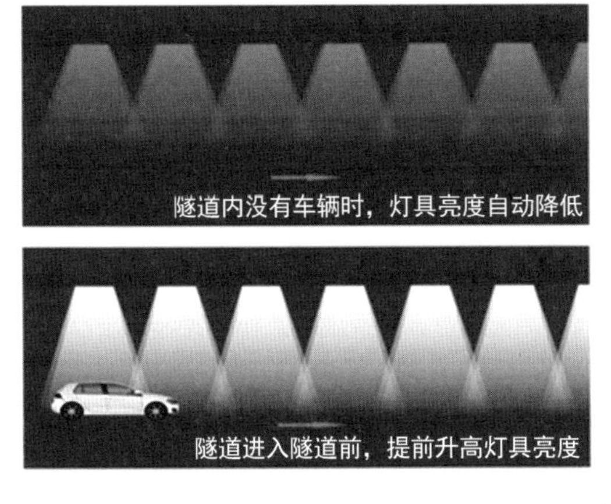

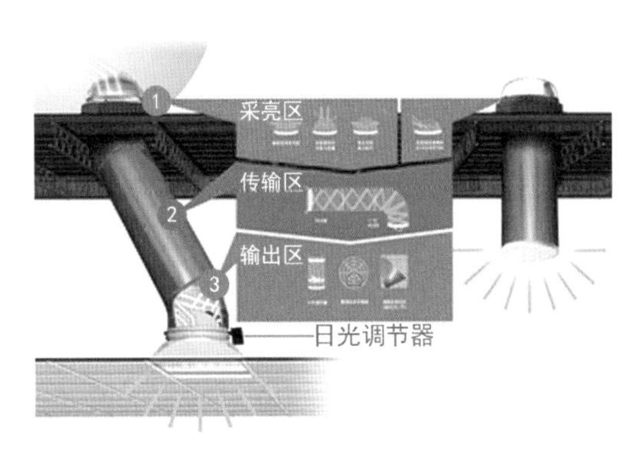

图 4.13　智慧照明控制

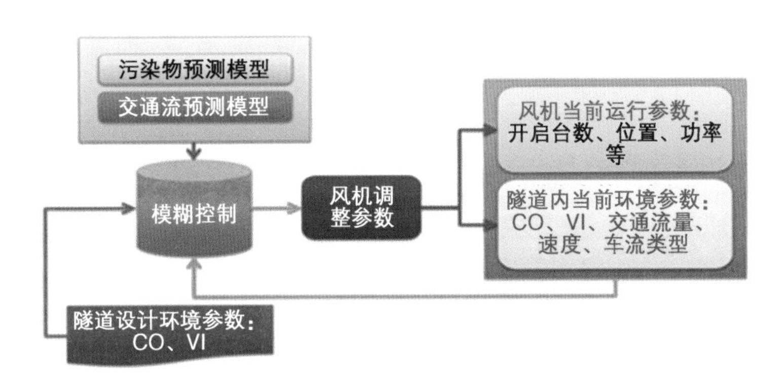

图 4.14　智慧风机控制

3. 智慧隧道能源管理

地下环路能耗监测系统采用分类和分项计量方式对地下环路机电设备的能耗进行精细化的实时监测和动态分析，对能耗分析结果进行可视化展示和异常报警，并进一步结合各业务系统控制模型，实现各机电子系统的节能控制（图 4.15）。

能耗监测、分析及统计

- 整体及分区能耗分析
- 数据报表导出
- 分时分段能耗分析
- 数据可视化展示
- 数据异常报警

三维可视化管理

- 信息管理可视化
- 运维管理数据可视化
- 远程设备控制

运营管理

- 权限管理
- 基础数据管理
- 智慧报警配置
- 事件记录
- 能耗分析模型配置

图 4.15　智慧隧道能源管理

4.4.4　运维养护模块

1. 养护管理作业

根据隧道结构、机电设备管养业务需求，制订相应的年度、月度、周计划；

结合养护记录开展养护质量监督管理；根据养护大数据分析结论，提供养护决策支持。

2. 智慧养护移动端应用

通过开发面向运维管理人员的移动终端，实现养护计划下发、养护作业监督、人员车辆管理、维修信息记录、养护评价和设备监控等功能，提升养护维修效率（图4.16）。

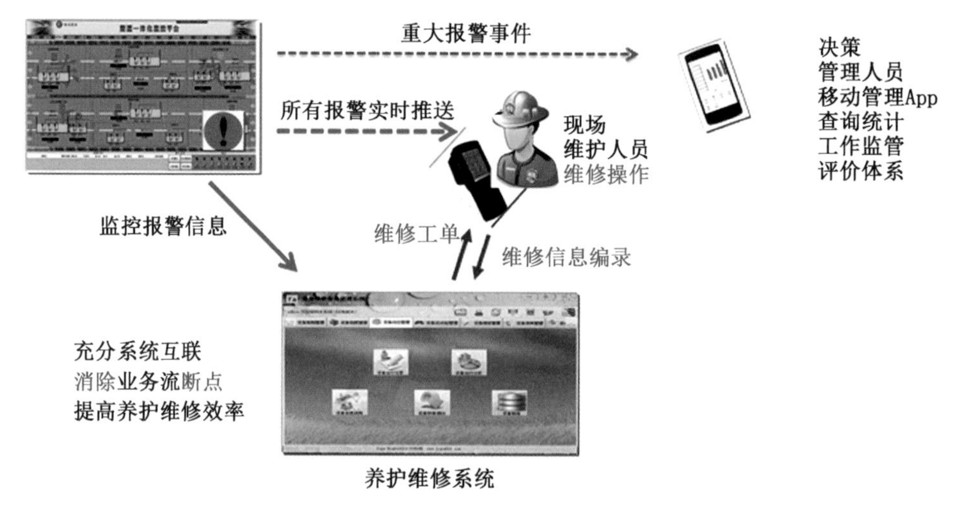

图4.16　移动端运维养护

3. 运营管理预案

结合隧道日常运营、应急管理的业务需求，梳理不同工况下的机电设备、人员、物资的控制、调度逻辑，制订覆盖隧道全部区段、场景的管理控制预案，并与隧道综合管理平台整合，全面支撑隧道的日常运营和突发事件处置。

4. 土建结构健康监测

根据地下环路本体风险、环境风险因素，进行结构变形、收敛、开裂的指标检测，制定分级标准，实现结构健康数据实时分析和预警，为养护策略和计划的制订、执行提供依据（图4.17）。

5. 智慧巡检

针对地下空间封闭、巡检工作量大的问题，在隧道内布置轨道式巡检机器人或轮式巡检机器人，对隧道结构病害、火灾、交通事故、路面损坏等进行实时侦测和报警，提高部分检测项目的精度和效率。

图 4.17 结构健康监测

4.5 智慧地下停车场景规划

开展地下停车库智慧化建设，形成片区智慧停车库群，最大程度实现停车信息共享、停车资源优化利用。结合环路及地块近远期实施计划，建立了地下停车智慧化建设场景，形成了“2 大功能模块 + 8 类建设场景”，详见表 4.4。

表 4.4 地下停车智慧化建设场景

建设场景	子项场景与功能描述	服务对象	技术分级	是否有对标案例	分期实施	实施范围	实施内容	实施难度	实施效果	实施方	与横沥结合度优先程度
地下智慧停车	与地块车位信息联动，实现一键导航至车位	管养单位	未来功能	无	远期	全线	软件	难	良好	运营方	①
	地下“无杆”停车	使用者	基础功能	杭州（地面）	近期	重点地块	硬件 + 软件	中	良好	地块	①
	地块车库一体化停车信息发布与诱导	使用者	基础功能	无	近期	全线	硬件 + 软件	低	良好	地块	②
	地块车库停车共享	使用者	未来功能	常规	远期	重点车库	硬件 + 软件	难	良好	地块	②
	地块车库智能停车服务	使用者	基础功能	常规	近期	重点车库	硬件 + 软件	低	良好	地块	③
	智能停车收费										③
	方向寻车等										③
地下自动泊车	区域停车实现全自动无人泊车	使用者	未来功能	无	远期	典型车库	硬件 + 软件	中	一般	地块	③

4.5.1 地下智慧停车模块

1. 一键导航至车位

智慧停车服务平台为车主提供目标停车位、行驶路线等信息，结合停车场高精度车辆定位和线路状态感知，为车主进行停车路径规划、目标停车位导航，并实时监控车辆在停车场内行驶和入位的过程，提供必要的安全保障。车位一键导航可以改善车主寻找车位耗时耗力的状况，提升停车体验，同时也有助于提高车位使用率，盘活停车资源(图 4. 18)。

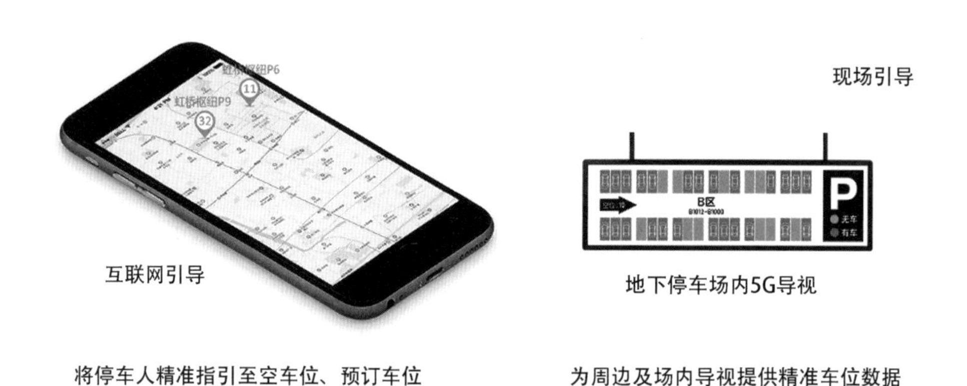

图 4. 18 车位一键导航

2. 地下“无杆”停车

设置出入口管控一体机（含车牌识别摄像机）和雷达。道闸杆件在常规情况下开启，可实现车辆（将车速控制在 30 km/h 以下）的“无杆”通行抓拍（图 4. 19）。相比“有杆”停车，“无杆”停车在车速较快的情况下对车牌识别的计算性能更高。

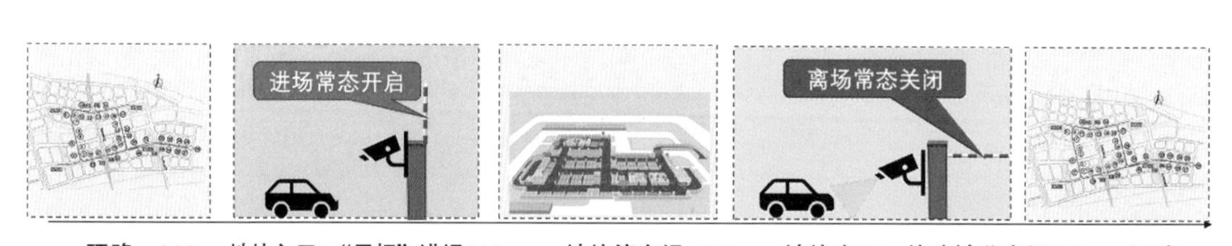

图 4. 19 “无杆”停车

3. 地块车库一体化停车信息发布与诱导

将停车库实时空车位置信息同时发布在场外的多级停车诱导屏、驾车人手机端，提供基于手机 App 应用的全程停车诱导功能（图 4. 20）。可随时查询各停车场实时空车位信息。停车引导与疏导相结合，起到预先分流、减少交通拥堵的作用。

图 4.20 多级停车诱导

4. 地块车库停车共享

为充分发挥地下环路串联地块停车库的功能，鼓励区域内地块车库设置部分车位用于公共停车服务，实现不同地块车库之间的车位共享，实现停车资源均衡利用(图 4.21)。

图 4.21 车位预约

5. 反向寻车

采集停车场车位与车辆的相关信息，将信息传送至停车管理平台，提供寻车服务。由车主通过手机终端、寻车一体化触摸自助缴费查询机等查询车辆信息，系统规划最优寻车路径，完成寻车服务（图 4.22)。

6. 智能停车收费

基于小程序、App、现场扫码等自助缴费功能，完成智能停车收费（图 4.23)，提高缴费效率，提升管理水平。

图 4.22　反向寻车

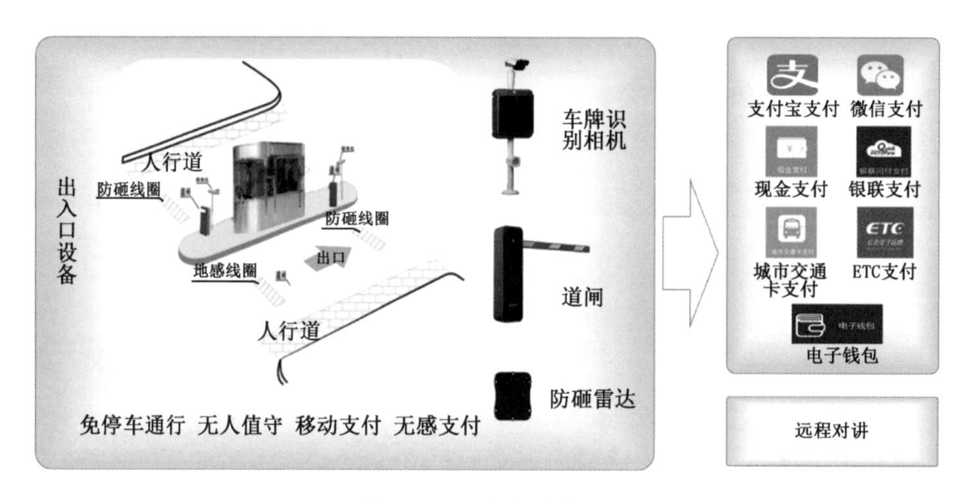

图 4.23　智能停车收费

4.5.2　地下自动泊车模块

随着自动驾驶技术的逐步成熟，越来越多主机厂车辆支持自动驾驶停车功能，包括自动泊车辅助（Auto Parking Asist，APA）功能和自主代客泊车（Automated Valet Parking，AVP）功能。

自动泊车辅助 APA：车辆在低速巡航时使用传感器感知周围环境，帮助驾驶员找到尺寸合适的空车位，并在驾驶员发送停车指令后，自动将车辆泊入车位。目前，作为 L2 级自动驾驶的典型应用，大部分车企已经将 APA 功能搭载在量产车型上。根据佐思产研的数据，2020 年中国乘用车 APA 功能装配量达到 230.8 万辆。

自主代客泊车 AVP：车辆以自动驾驶的方式替代车主完成从停车场入口/出口到停车位的行驶与停车任务。车主驾车到达停车场指定下车地点后，通过车钥匙或手机 App 下达停车指令，车辆即可自动行驶到停车场的停车位，无需驾驶员参与和监控；当车主要离开时，只需在接驳处下达接车指令，车辆会从停车位自动行驶到车主身边（图 4.24）。相较于 APA 功能，AVP 彻底代替车主完成了停车操作，可以有效解决医院、商场、写字楼等公共停车地区的停车难题，车主需求强烈。此外，低速行驶以及相对简单的停车场行驶环境，使 AVP 成为车企优先商用的高等级自动驾驶功能。

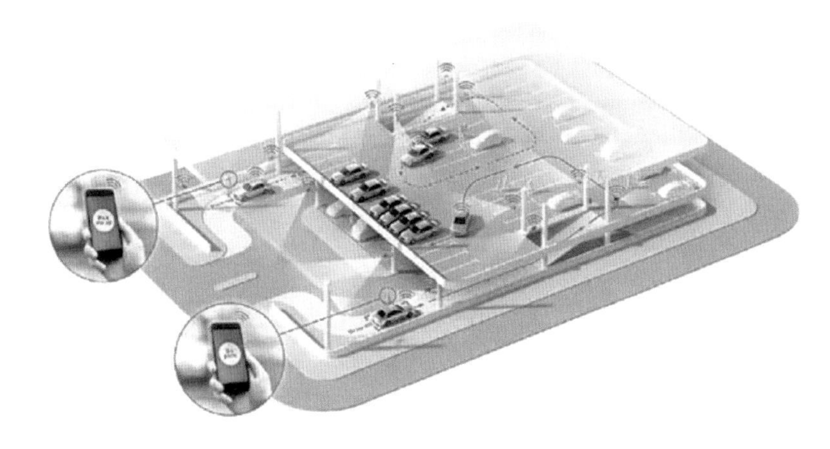

图 4.24 自主代客泊车 AVP 功能示意

4.6 智慧人行地下空间场景规划

通过人行地下空间智慧化建设，主要实现以下目标：

(1) 保证地下空间的舒适度和服务品质。通过智慧化设计，保障地下空间内部的温湿度、通风、照明等环境因素。

(2) 实现地下空间的平顺衔接和科学指引。通过地下步行空间优化设计，提供平顺的地下步行空间，构建合理的信息指示标志及显示牌，保障信息的连续性。

(3) 保障地下空间的运营安全。通过设施设备运维管理，实现设施设备的随检随查，保障设备运维安全，同时通过对地下空间内的气体及颗粒物、温度等进行监控，保障消防安全，对行人进行监控，保障行人通行安全。

(4) 应对未来地下空间服务体系的拓展。充分考虑地下空间的智慧化发展需要，为未来地下空间智慧化运营、现代化治理、科学决策等功能预留足够的接口。

(5) 实现地下空间的低碳化设计与运营。通过智慧化运营手段的应用，实现地下空间的低碳、节能、高效化运行。

人行地下空间智慧体系主要包含运维管理、用户服务、安全管理等三大建设模块。人行地下空间智慧体系架构如图 4.25 所示。

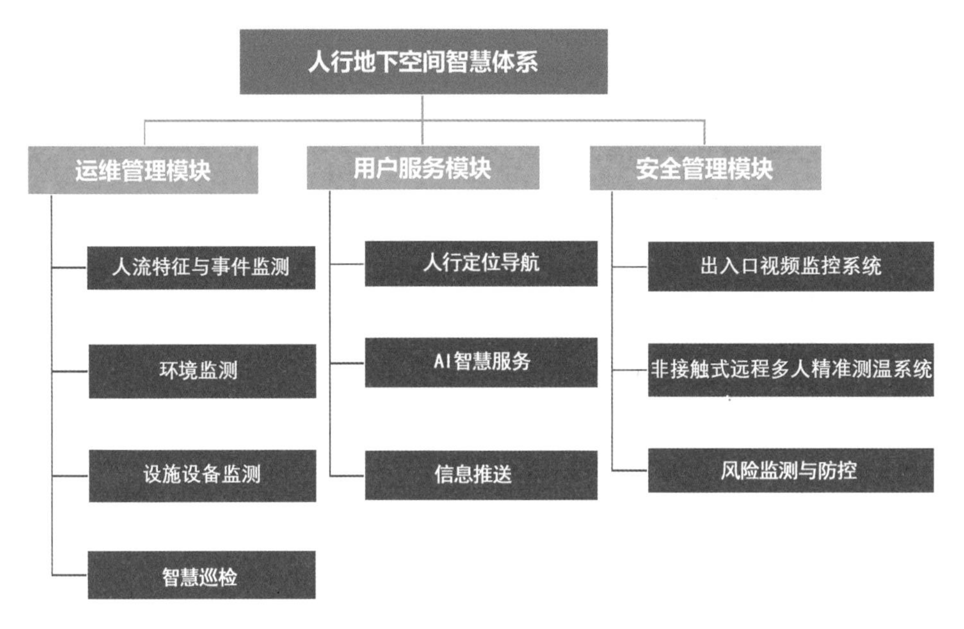

图 4.25　人行地下空间智慧体系架构

根据上述功能目标及体系架构，结合横沥岛尖地下空间智慧化实际需求，分步考虑了近、远期实施。近期实施以满足行人多样化需求和地下空间安全保障为主；远期则考虑经济性和便捷性，实现智慧化分析决策和无人化工程应用。如表 4.5 所示，建立了南沙人行地下空间智慧体系，形成了“3 大功能模块 + 14 类建设场景”。

表 4.5　人行地下空间智慧化建设场景

建设模块	建设场景	子项场景与功能描述	服务对象	实施方	是否有对标案例	技术分级	分期实施	实施难度	实施内容	实施效果	与横沥结合度优先程度
运维管理	人流监测	人流信息采集（流量、拥挤度）	运管	运营方	上海车站	基础功能	近期	低	软件 + 硬件	良好	①
		视频顾客行为分析监测（行人流监测 + 行人事故监测）	运管	运营方	上海车站	提升功能	远期	中	软件	一般	②
		客流分析与预警、实时运行状态基础研判，对大客流事件提前预判及预警	运管	运营方	上海车站	提升功能	远期	中	软件	良好	②
		商场客流分析，进行数据汇总和综合分析，实现对地下商场各部分的监控	运管	运营方	深圳 HiRunning	提升功能	远期	中	软件	一般	①

（续表）

建设模块	建设场景	子项场景与功能描述	服务对象	实施方	是否有对标案例	技术分级	分期实施	实施难度	实施内容	实施效果	与横沥结合度优先程度
运维管理	设备远程监测与管控	设施设备监测状态是否损害，能够远程控制	运管	运营方	苏州中心	基础功能	近期	低	软件	良好	②
	环境运行监测与管控	监测地下空间温度、湿度、空气质量，并根据情况及时控制设备	运管	运营方	苏州中心	基础功能	近期	低	软件	良好	①
	智慧巡检	AR智慧巡检与智慧设施设备检测	运管	运营方	电网、工业产业基地等	提升功能	近期	低	软件	良好	③
用户服务	人行系统定位与导航	商业等区域定位与导航	行人	运营方	五角场	提升功能	近期	中	软件+硬件	良好	①
	信息推送	商家信息、商场信息推送，商场周边公交、地铁、出租车等信息发布	行人	运营方	五角场	基础功能	近期	低	软件	良好	①
	无人值守与AI智慧客服	信息查询与交互、视频对讲客服、通过商场内部显示屏或App与人工客服视频解决问题	行人	运营方	五角场	提升功能	远期	中	软件+硬件	一般	①
安全管理	防疫监控	人体体温状态实时监测与报警	行人	运营方	常规	基础功能	近期	低	软件+硬件	良好	①
	公共安全	对出现偷窃、抢劫等作案的人员进行轨迹跟踪、人脸识别，甄别作案人员身份	公安	公安	苏州中心	提升功能	近期	中	软件+硬件	良好	③
	风险监测与管控	智能化感知体系，识别区域内漏电、感温及火灾、积水等事件，一旦发生立即报警	消防	消防	无	提升功能	近期	中	软件+硬件	良好	①
	突发事件管理	建立突发事件应对联动管理机制、数字化应急预案	应急	运营方	无	提升功能	近期	中	软件+硬件	一般	①

4.6.1 运维管理模块

场景1：人流特征采集。

采集人流特征信息（包括流量、拥挤度等）、掌握地下空间各出入口的流量信息，用于控制地下空间总流量、疏散拥挤。

场景2：行人行为分析监测。

自动报警系统设置于关键基础设施区域，运用超高清视频分析行人的行为，如有人员摔倒、逆行等异常行为时，自动报警系统启动，智能分析异常状况，提升设施周围安防等级。

场景 3：客流态势分析与预警（图 4.26）。

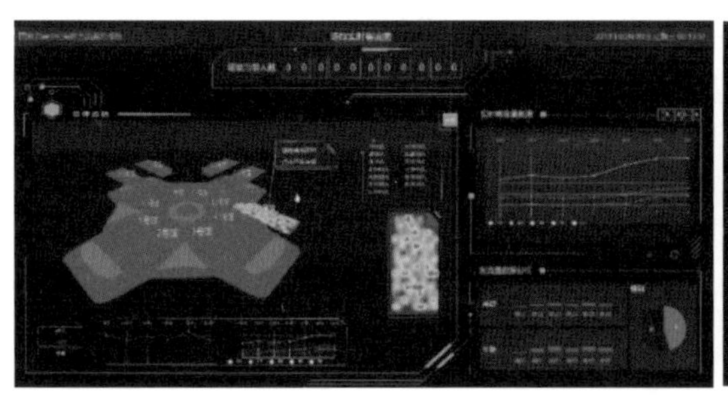

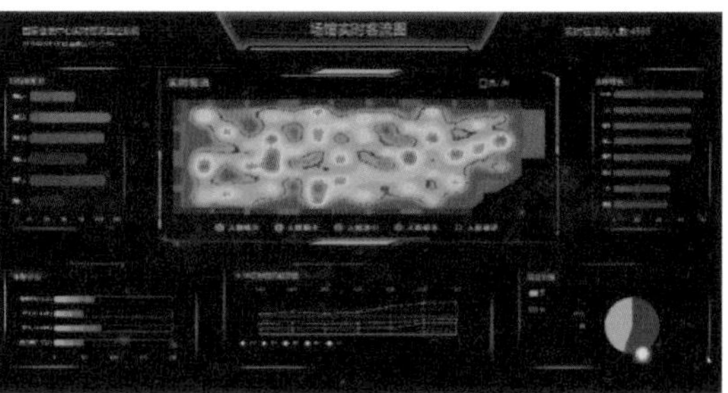

图 4.26　地下空间实时客流及区域态势分析

针对突发大客流情况，实现快速应急管控，预防人流聚集、堵塞等情况发生。结合 BIM 的商场客流实时热力图，反映客流拥挤情况；结合地下商场客流热力图，反映场馆整体客流情况；结合地下商场客流导流示意图，展示当前商场导流情况。根据历史数据进行常态分析，实现全天客流趋势，对地下商场客流进行 15 min 后的预测和预警。

场景 4：客流引流分析。

对商场客流进行数据汇总和综合分析，实现地下商场客流感知预警等态势分析应用。对各部分的客流进行分析，优化广告屏、信息屏的位置与使用。

场景 5：地下空间设施设备监测（图 4.27）。

图 4.27　地下空间设施设备监测

建立地下商场内全感知体系，实现设备趋势分析及预测，提升设施设备的应用水平，及时发现问题并更换，降低设备应用风险，降低管理成本。

场景 6：地下空间环境监测（图 4.28）。

图 4.28　地下空间环境监测

实现远程数据环境监测功能，通过数据监测界面，全天候、远程监测甲醛、$PM_{2.5}$、温湿度等数据，并查看实时曲线，掌握变化趋势。

场景 7：智慧巡检。

通过 AR 眼镜等智能化设施设备实现智慧化巡检与智慧设施设备检测。以 AR 眼镜为例，巡检人员通过佩戴 AR 眼镜，对地下空间内设备进行巡视检查，实时将巡检数据传输回指挥中心，并通过远程会商功能，协助解决一些作业难题。

应用巡检机器人（图 4.29），对商场内部的行人及设施设备实时侦测和报警，降低人员管理成本，迅速识别风险并采取相应措施，减少商场内安全隐患。通过 AR 智慧巡检，提高巡检的效率，避免巡检人员的缺口，确保设备更加稳定运行。

4.6.2　用户服务模块

用户服务模块旨在构建多层级信息推送系统，通过全方位信息推送，实现全域信息服务。针对不同场合，面向不同受众，分时及针对性地展示和传递信息。显示设备包括电视机、LED 屏、LCD、PDP、背投等。实现商家分布信息查询、迎送顾客及商铺位置指引、商品展示及选购推荐、折扣优惠信息查询、智能语音服务、人工客服智联服务等功能。

图 4.29　地下空间设施设备智能巡检机器人

场景 1：人行系统定位与导航（图 4.30）。

图 4.30　地下空间人行定位系统

实现商家分布信息查询、迎送行人及商铺位置指引。部分内部结构较为复杂的地下人行空间，面对错综繁杂的通行路线，基于低功耗室内定位技术，融合多技术定位算法，提供高精度地下空间人行导航，帮助行人快速到达目的地。在提升购物体验的同时，支持一网多用，通过分析实时人流信息让商场实现更有方向性的智能管理。

场景 2：信息推送。

通过地下空间信息牌、信息屏、空间指引标志、广播等手段实现地下商场全貌展示、位置指引及相关信息推送，同时展示商场周边公交、地铁、出租车等信息，为行人提供全方位的信息服务，包含静态行人导向标识系统以及动态信息服务系统。

静态行人导向标识系统（图 4.31）：通过区域定位、方向引导、场所指示和辅助标志的合理设置为行人提供指示和服务咨询。

图 4.31 静态行人导向标识

动态信息服务系统（图 4.32）：根据行人所处的位置发布实时动态的交通、购物、休闲娱乐等信息，以智能化的方式提供更加人性化的服务，与静态系统形成相互补充。

图 4.32 动态信息服务系统

场景 3：无人值守与 AI 智慧客服（图 4.33）。

图 4.33 无人值守与 AI 智慧客服系统

通过无人值守的智慧客服系统，实现信息查询与交互、视频对讲服务。用户通过打字或者语音等方式与聊天机器人对话，几次来回之后，机器人即可形成用户的需求画像，推荐出合适的商品或商场内部相关服务。

4.6.3 公共安全模块

公共安全模块旨在通过非接触式人体监测设备，实现人体体温的远程高精度识别与显示。其主要技术为热成像测温，可快速、简捷、安全、直观、准确地查找、判断人员是否存在体温异常现象，并迅速采取措施解决，防止发热人员流动。

场景1：防疫监测系统（图4.34）。

图4.34　防疫监控系统

通过智能人体测温双光系列设备实现人体远距离测温，同时设备支持AI人脸检测，支持多目标同时检测体温。对体温异常情况进行报警预警，并可实现温度值实时预览，实时数据、历史数据查询，发现异常情况后可快速定位与检测。

场景2：公共安全监控与识别。

对偷窃、抢劫等作案人员进行轨迹跟踪、人脸识别，甄别作案人员身份。

场景3：风险监测与管控（图4.35）。

构建地下空间智能化感知体系，识别区域内漏电、感温、火灾及积水等事件，一旦发生风险事件可立即报警。

场景4：突发事件管理（图4.36）。

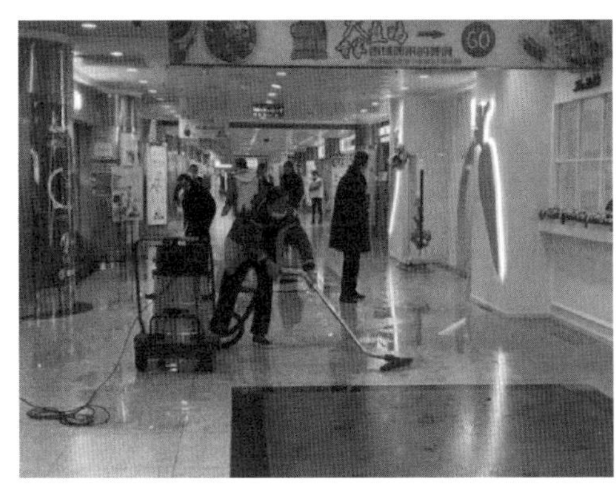

图 4.35 风险监测与管控

图 4.36 突发事件管理

建立突发事件应对联动管理机制，制订数字化应急预案，在出现设备故障、人员伤亡、物件坠落等突发事件后，立即实现联动管理，快速提供解决方案，避免事故影响范围扩大。

4.7 智慧综合管廊场景规划

运用 GIS、GPS、大数据、物联网、巡检机器人和 BIM 人工智能等信息技术，实现智能化、集约化管理，降低运营风险及成本，单独成立运维公司或委托外部单位进行统一运行维护，提高设备的运营效率。

依托管廊现场基础设施采集的数据并通过物联网传送至管廊一体化运维平台对数据进行深度挖掘、加工和分析。

管廊综合管控方案中将利用到大量的最新的软硬件技术，包括设备监控技术、物联通信技术、智能终端技术、数据中心技术、智能报表技术、数据挖掘分析技术和数据仓库技术。提供统一的数据存储平台，并在大数据的基础上，应用数据挖掘技术实现智慧决策。

通过对智慧综合管廊建设场景的梳理，总结出智慧综合管廊体系规划场景，如表 4.6 所示。

表 4.6　综合管廊智慧化建设场景

建设场景	子项场景与功能描述	服务对象	技术分级	分期实施	实施范围	实施内容	实施难度	实施效果	实施方	与横沥结合度优先程度
视频监控系统	综合管廊的高清视频监控、数字化录像存储、检索、备份、报警联动等	管养单位	基础功能	近期	全线	硬件+软件	低	良好	建设方	①
火灾报警系统	对管廊中环境参数、电缆和各类电气设备温度及状态实时采集并进行数据分析，实现对电力管道仓的运行状态、电力电气设备的运行及报警信息的展示和分析功能	管养单位	基础功能	近期	全线	硬件+软件	低	良好	建设方	①
智慧安防系统	安防监控，应急指挥，多系统联动	管养单位	基础功能	近期	全线	硬件+软件	中	良好	建设方	①
语音通信系统	搭建通信环境，供运管人员语音通信	管养单位	基础功能	近期	全线	硬件+软件	低	良好	建设方	①
人员定位系统	对管廊中的维护人员进行定位	管养单位	基础功能	近期	全线	硬件+软件	中	良好	运营方	②
结构健康监测系统	对管廊结构的沉降情况进行连续监测，及时对管廊结构沉降状态和变形趋势作出判断和预警	管养单位	提升功能	远期	关键区段	硬件+软件	中	良好	运营方	③
管廊防外破监测系统	对地下设施周边一定范围内的土壤振动信息进行连续监测和分析，从而实现地下管廊安全预警	管养单位	未来功能	远期	全线	硬件+软件	中	一般	第三方运营	③
环境监测系统	保障管廊内环境安全，需要对其内部环境进行监测，以达到实时、自动监测地下管廊内的环境的目的	管养单位	基础功能	近期	全线	硬件+软件	中	良好	建设方	①
设备监控系统	远程实现排水设备、配电房、消防设施、通风系统、照明系统等的实时远程监控、控制	管养单位	基础功能	近期	全线	硬件+软件	中	良好	建设方	①
智能门禁系统	为巡检、维修人员出入管廊情况提供安全确认数据记录，能够有效防止未经许可人员进入	管养单位	基础功能	近期	全线	硬件+软件	中	良好	建设方	①
应急对讲广播系统	可提供一种迅速快捷的信息传输渠道，第一时间把灾害消息或灾害可能造成的危害传递给管廊内人员	管养单位	基础功能	近期	全线	硬件+软件	中	良好	建设方	③
智能巡检机器人	在事故和特殊情况下可实现特巡和定制性巡检任务，实现远程在线监测	管养单位	提升功能	远期	全线	硬件+软件	中	良好	建设方	②

1. 运行监控管理

通过 BIM + GIS 技术实现对管线状况的可视化管理，实时展示管廊地图、风险管廊段、故障管廊段及管廊运维人员的实时状况。对管线的数据采集及设备运行状态做了直观的展示（图 4. 37）。

图 4. 37　运行监控管理

2. 设备设施管理

平台可提供设备部件、设备参数和设备文档的管理；可处理各种设备变动业务，包括原值变动、设备状态变动、安装位置调整等变动（图 4. 38）。平台实现设备信息共享和风险管理。平台可记录设备发生的故障次数、时长、MTBF 等评价指标，分析设备的风险情况，并对历史风险记录做统计分析。

图 4. 38　设备设施管理

3. 视频管理

视频管理主要包括视频画面的基本设置、视频画面的调整与控制、视频回放(图 4.39)。

图 4.39 视频管理

4. 告警管理

当设备出现异常时，平台可根据配置给相关人员发送告警短信、拨打告警电话、发送告警邮件，并在后台产生一条异常记录。系统提供异常的查询、导出与处理(图 4.40)。

图 4.40 告警管理

平台可将所监视管廊段的所有风险情况进行统计，供风险分析专家库使用；专家库可从某一维度（例如时间维度、设备维度）将所有发生的报警进行关联分析，从中找到其内在联系，优化风险控制策略。

5. 运行维护管理

平台支持常规巡检与点检计划的快速创建，支持巡检机器人按照巡检计划自动巡检、实时定位、视频智能识别、机器人状态监控，可实现巡检任务的创建、填报、验收等全过程的管理（图 4.41）。

图 4.41　运行维护管理

6. 报表分析

平台提供多维度的历史数据查询与导出。主要包括开关量、模拟量、状态量、中继输出量、分布式数据、视频数据流、音频数据流及电子门禁等数据类型。

7. 应急处置

平台根据综合管廊的管理现状指定事故预案库。当发生事故时，管廊监控中心第一时间介入，根据事故处理预案进行处理，并将事故情况上传至区域智慧城市管理中心。此时，值班人员可以通过该事故发生地的视频、事故点数据变化曲线信息诊断事故的严重情况；当事故确认后，系统会自动生成当前事故对应的应急流程，指示引导值班人员按照应急预案进行应急处置；系统自动记录事故开始、事故处理及事故结束全过程的应急信息，方便为后期事故分析、负责人撰写事故报告提供数据基础（图 4.42）。

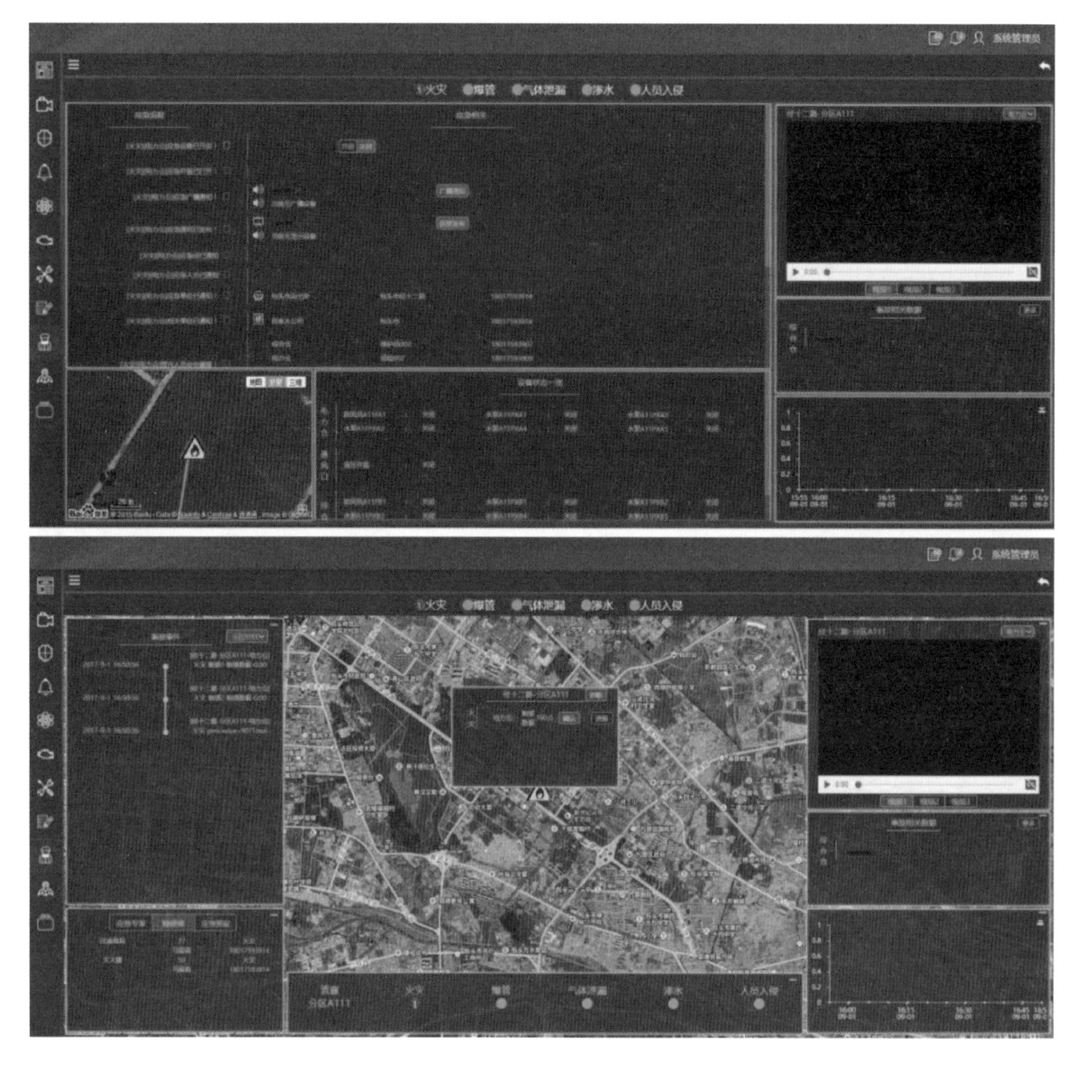

图 4.42　应急处置

此外，平台还可通过 GIS 地图汇总显示本年度事故段管廊所处位置及事故权重排名情况；显示事故段管廊的事故仓位、事故类型、事故等级、事故持续时间等信息；通过表格显示各事故段管廊本年度的权重指数及同环比情况，并对事故影响级别进行评估。

8. 能耗管理

平台可显示管廊当年能源使用概览以及当年、当季、当月的能源使用汇总情况及其环比情况。针对各设备的能源使用情况，系统自动对设备能效进行评级。平台可显示管廊能耗相关 KPI 数据指标和管廊段当日用能趋势图，并根据当前管廊能源使用情况，提供相应的节能建议（图 4.43）。

图 4.43 能耗管理

4.8 智慧地下物流场景规划

4.8.1 智慧物流体系

通过构建“共配中心 + 智能运输通道 + 智能末端 + 运营平台”四位一体的智慧末端物流配送系统（图 4.44），提供高品质、标准化配送服务，提升区域品质。

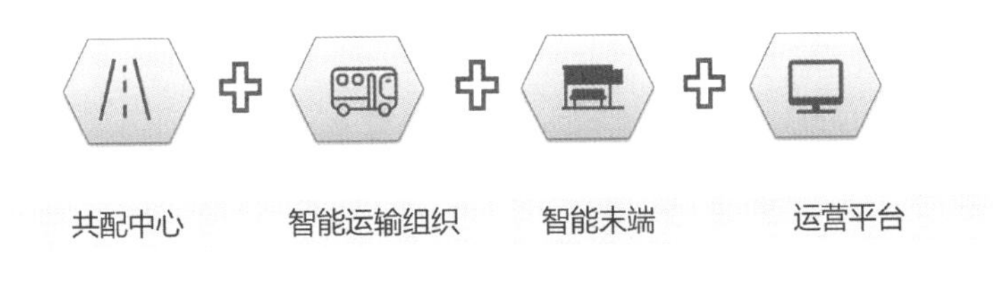

图 4.44 智慧物流体系

在模式创新上，建设快递共同配送。快递进入区域后，各物流企业不再各自派件，统一集中至区域共同配送中心，由专业的第三方配送公司对整个区域进行统筹和整合，实现统一配送，建立公共信息服务平台，实现物流快递各类信息的对接、整合。

在技术创新上，应用智能网联与自动驾驶、智能自提柜等新兴技术，与共同配送模式结合，提高物流配送效率。

所有快递公司进入商务区，包裹快递集中至区域共同配送中心进行统一智能化分拣、集包，由专用智能网联自动驾驶物流车派送至区域内不同建筑的智能末端，实现自动化衔接；经由智能末端，快递包裹被送至各楼层目的地，快递到达指定接收点后，信息实时反馈至系统，通知收件人到指定地点取货（图 4.45）。

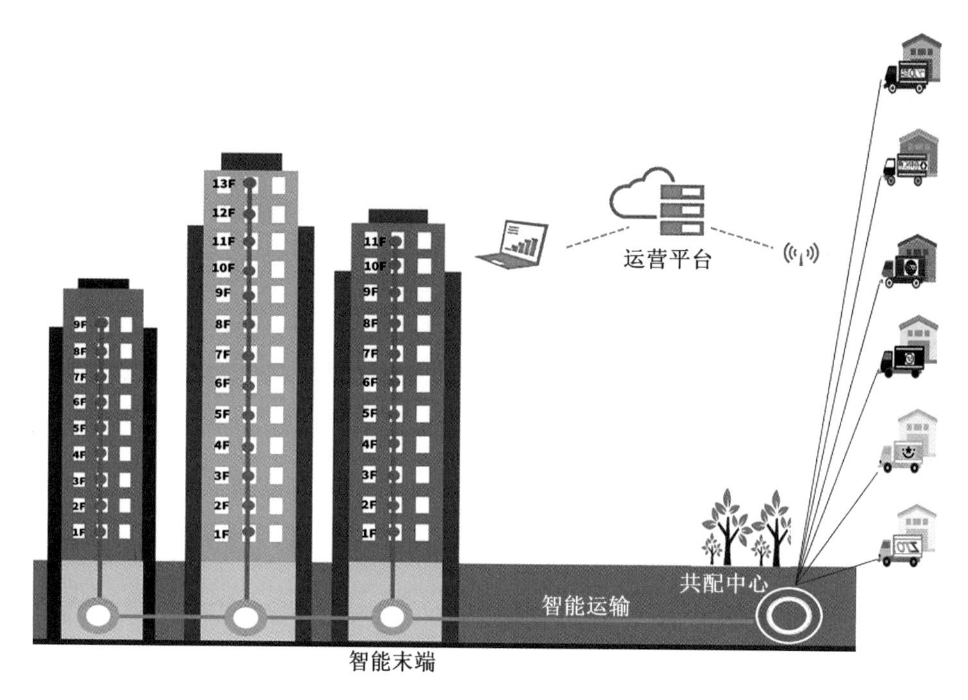

图 4.45　智慧物流配送系统示意

4.8.2　共配中心

共同配送中心是快递包裹件派入和寄出商务区的中转节点，是服务于商务区配送的关键物流设施。外部物流车在共配中心卸下区域内所有待配送的快递包裹件，按照配送目的地和大小重新进行标准化装载组合和配送计划优化，再由经过优化的待配送单元交由智能运输系统配送至区域内各目的地。

区域共配中心须具备便捷的内联外通条件，优先考虑地下道路通达，尽可能使物流车在区内行驶的时间短；同时，可利用公共属性用地，与其他市政基础设施合建，集约利用建筑空间。针对南沙横沥岛尖地下环路覆盖区域，考虑设置 1 处共配中心，规划面积 1 000～3 000 m^2，分拣处理能力 1.5 万件/h，选址方案如图 4.46 所示。

共配中心根据高峰期快递量，设置交叉分拣机/模组分拣机，货物卸车后经由分拣机分拣集包，通过格口拨货后装车发往末端。其作业流程如图 4.47 所示。

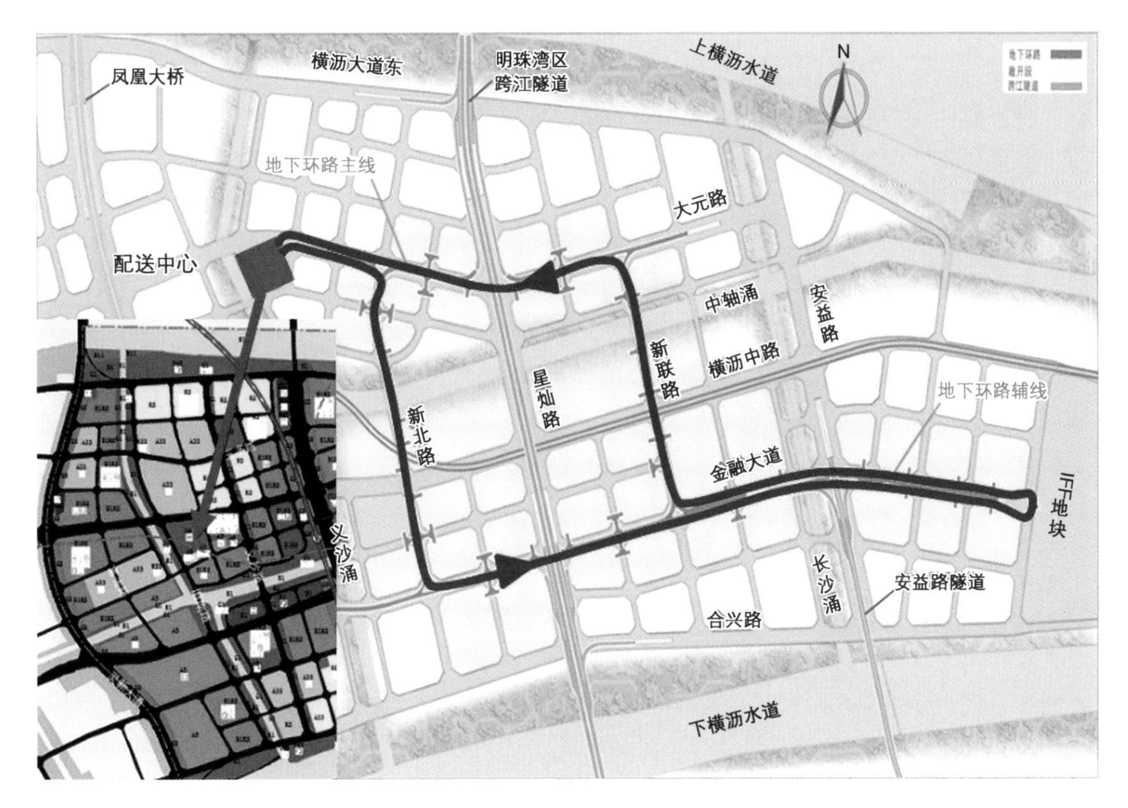

图 4.46 共配中心选址方案示意

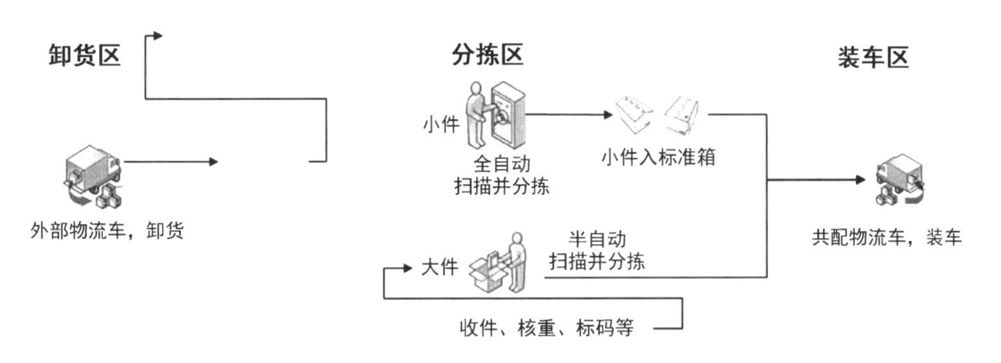

图 4.47 共配中心作业流程示意

4.8.3 智能运输

智能运输是指从配送中心至区域每栋建筑末端的快递自动化配送，采用自动驾驶物流车，通过车路协同智能路侧设施，实现快递包裹的运输。

1. 智能运输通道

智能运输通道以地下环路为主、地面道路为辅。地下环路可联通覆盖 34 个地块，其他地块可通过地面道路配送。通过车载与智能路侧系统有机结合，构建统一的感知、计算、交互及决策平台，通过对接交通信号系统、智能检测系统、差分定位系统等交通系统基础设施，实现道路交通信息感知；通过与智能车辆进行实时信息交互，为车辆提供驾驶辅助信息；通过与路侧信息提示系统对接，实现实时信息路侧发送；通过与中心平台进行交互，实现道路感知信息实时上传，支撑物流精细化管理。

2. 自动驾驶物流车

自动驾驶物流车是结合自动驾驶单车智能与智能道路功能，可实现货运车辆高阶度的自动驾驶运行。车路协同是实现自动驾驶的技术路径，采用车路协同，将大幅降低自动驾驶和整体系统的成本，提升运输系统的可靠性。

自动驾驶物流车系统具备以下特征：

（1）通过货车车载设备与智能路侧系统有机结合，构建统一感知、计算、交互及决策的平台，通过对接交通信号系统、智能检测系统、差分定位系统等交通基础设施，实现道路交通信息感知。

（2）通过与智能车辆进行实时信息交互，为车辆提供驾驶辅助信息；通过与路侧信息提示系统对接，实现实时信息路侧发布；通过与中心平台进行交互，实现道路感知信息实时上传，支撑物流精细化管理。

（3）基于车载传感器在内的多种车载设备，可实现行程控制、定位与测验、协同预警、决策判定等各类自动驾驶功能。

（4）实现车辆与周围车辆的网联功能、车辆与交通基础设施的网联功能。连接红绿信号灯、视频等交通设施，实现车辆与云端的网联、云端信息的交互。

（5）实现车辆的自动装卸货功能。通过与智能搬运机器人的衔接，在关键节点处实现货物的交接与转移。

（6）实现自动驾驶的安全行驶。明确在运行范围内的运营场景，根据运营场景提出相应的设计方案，确保实现自动驾驶和货物的安全运输。

从运输环节方面看，自动驾驶物流车运行的空间包括停保场站、配送中心、运输通道、智能末端四种类型的场地。

停保场站主要用于自动驾驶车日常停放和维护保养等，同时与综合信息监控中心整合设置。

配送中心主要实现分拣货物与自动驾驶车运输的衔接。

运输通道主要是道路，是自动驾驶车辆运输的主要空间。在不同类型和特征的道路上行驶，自动驾驶车辆所需要处理的环境不同。

3. 全自动物流运行场景

在各个空间场所中，通过各种自动化场景的设计，实现货物的全程自动化运输及智慧化管理。本节初步提出了全自动物流运行场景架构，如图 4.48 所示。表 4.7 是对运行场景及功能的详细描述。

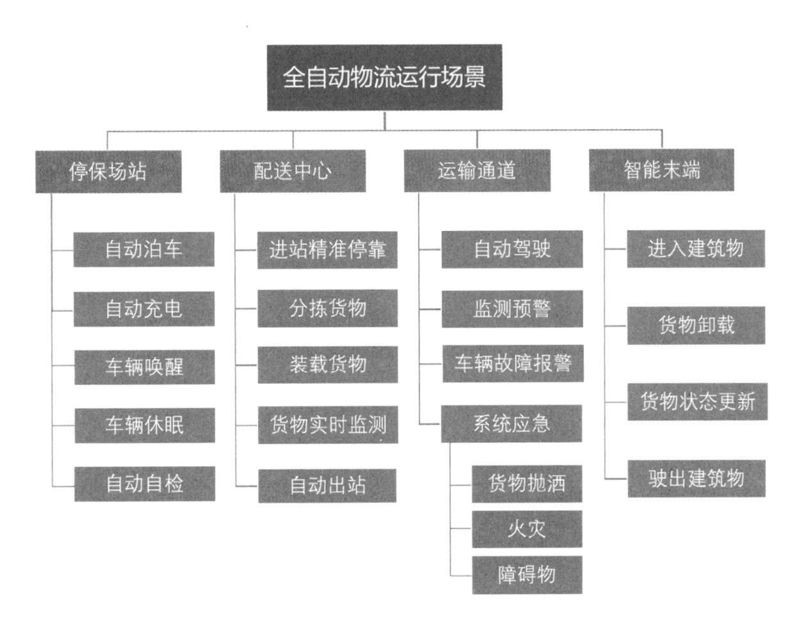

图 4.48　全自动物流运行场景架构

表 4.7　全自动物流运行场景及功能

场景分类	功能	描　　述
正常运营场景	自动泊车	汽车自动泊车入位，不需要人工控制
	自动充电	自动驾驶汽车在没有任何操作员的情况下完成充电
	车辆唤醒	车辆接收控制信号，自动唤醒，准备出发作业
	车辆休眠	车辆自动休眠，节省运行资源
	自动自检	根据历史数据，自动检查车辆是否发生故障，若发生故障，则自动行驶至故障维修中心或向维修中心报警
	自动行驶	包括车辆在运行过程中的车速引导、合分流控制、弯道预警及控制、变道辅助、盲区预警、行人预警等功能
	精准停靠	车辆行驶至作业目的地需在指定位置停靠作业，车辆自动识别出停靠位置并停靠
	分拣货物	配送中心通过分拣装备进行自动分拣，按目的地打包货物
	装载货物	车辆自动前往货物打包区装载打包好的货物，识别货物目的地并开始运输

（续表）

场景分类	功能	描　述
正常运营场景	货物实时监测	上传货物的状态信息，并通过 GPS 系统实时更新货物位置
	货物卸载	货物到达目的地，车辆通过分离装置推动货物自动分离，进入建筑物收件地
应急场景	监测预警	实现全程车辆的监测预警，在车辆或货物出现异常时及时制动并上报预警，预防出现货物破损、车辆碰撞等事故
	车辆故障报警	包括车辆抛锚、车辆制动系统失灵、网联系统失灵等故障，及时线上线下同步报警
	货物抛洒	货物在运输过程中出现掉落情况时，实现事故地点的当前或后面车辆紧急制动，避免对货物的二次损伤，并报警上传事故信息
	火灾	行驶中汽车或外源发生火灾，应迅速停车，保护货物并自动识别火源中心，开启灭火器进行扑灭，报警上传事故信息后关闭电源以避免再次起火
	障碍物	车辆在运输过程中遇到障碍物时进行自动避让或紧急制动，通过联动控制后续车辆进行避让或紧急制动，并报警上传事故信息

4.8.4　智能末端

智能末端是指商务区每栋建筑内部设置接收发送快递的末端智能建筑收发室。一般设置于建筑地下车库，作为智能运输系统与高层建筑内楼层配送的衔接节点。收发室选址宜靠近各建筑核心筒和建筑货梯，便于配送。智能末端可采用：①用户自提-自助收发站、智能自提柜［图 4.49（a）］；②机器人配送［图 4.49（b）］等形式，一般设置智能自提柜区、配送机器人通道区及配送机器人充电区等。占地面积一般为 20～100 m^2。

（a）智能自提柜

（b）机器人配送

图 4.49　智能末端

4.8.5　系统平台

依托共同配送系统平台，实现对物流作业的调度管理，对设备设施和道路设施的综合监控等。平台具体功能包括实现各设备间的互联互通、信息交换和通信，通过信息标签（RFID、二维码等）与视频监控结合的方式，对运输快递包裹件实现智能识别、定位、跟踪、监控及管理。运营平台系统具备与各合作快递运营商的数据接口，可实现信息同步。

此外，道路基础设施和设备是智慧物流系统的主要组成部分，如运输通道消防、设备设施运营状态都需要严格监控。

平台主要包含物流监管系统、快递供配管理与服务系统、用户信息服务系统等，对于建设方应重点建设物流监管系统，其余两个平级系统主要由第三方公司建设，共同支持项目的正常运行。

系统平台逻辑架构如图 4.50 所示，智慧物流逻辑架构自下而上分为五层，即物联感知层、基础设施层、业务应用层、用户层和渠道层，同时建设安全保障体系、标准规范体系作为支撑。

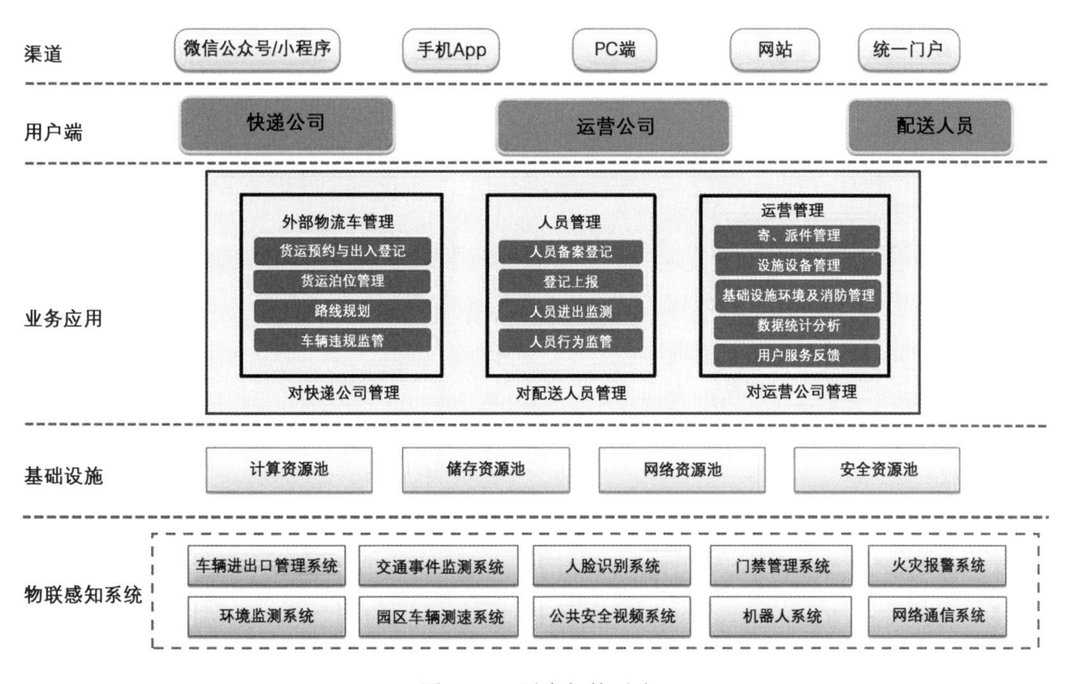

图 4.50 平台架构示意

4.9 本章小结

本章重点研究了地下基础设施智慧化建设场景体系，通过对上位规划资料的分析、对国内外优秀对标案例的梳理以及对各类设施智慧化建设需求的调研，提出了横沥岛尖智慧地下基础设施提升的目标和策略，从对象维度、应用维度和分级维度等构建智慧应用场景体系，详细提出了地下道路、停车、人行、综合管廊等各类设施详细的场景应用规划，作为后续开展各类设施智慧化建设的重要指导依据。

5 地下基础设施综合管控平台规划

5.1 概　述

5.1.1 现状平台建设模式

1. 各地下子系统独立建设、独立管理

以延崇高速隧道管理平台［图 5.1（a）］、北京世界园艺博览会综合管廊监控中心［图 5.1（b）］、杭州未来科技城地下空间综合管理平台［图 5.1（c）］为例，各系统独立建设，并由建设单位提供对应的信息化管理平台，实现了对隧道、管廊、地下空间等子系统的综合管理，平台建成后，由不同的管理团队服务运营维护工作。

（a）延崇高速隧道管理平台

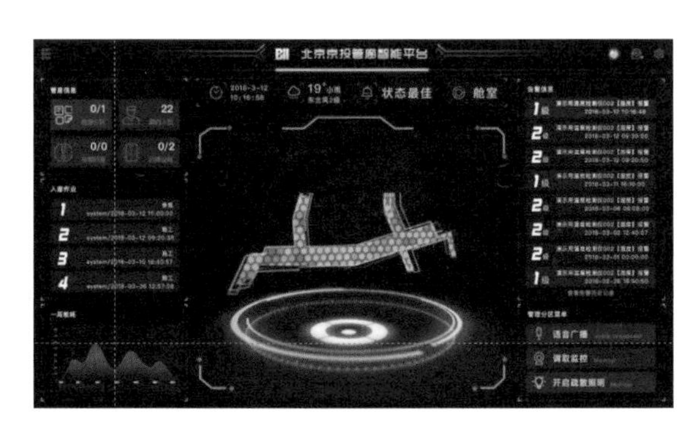

（b）北京世界园艺博览会综合管廊监控中心

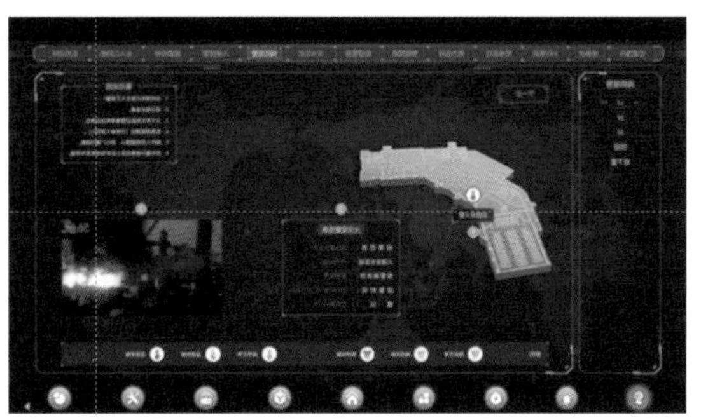

（c）杭州未来科技城地下空间综合管理平台

图 5.1　典型地下基础设施平台

2. 同类系统建设和管理形式上的合并

以上海周家嘴路隧道和军工路隧道为例，两个隧道土建工程由一家建设单位实施，每个隧道均独立部署功能相同的隧道监控和管理系统。建设一个隧道运营管养中心（图 5.2），该管养中心同时使用两套系统，负责对两个隧道的日常管养工作。

图 5.2　周家嘴路隧道军工路隧道管养中心

3. 部分地下设施实现融合

以苏州中心综合管理系统为例，该系统通过数据融合与业务融合设计，实现了一个系统同时支撑综合管廊、地下停车、地下空间三大设施管理，并可提供未来业务板块的扩展能力，如图 5.3 所示。

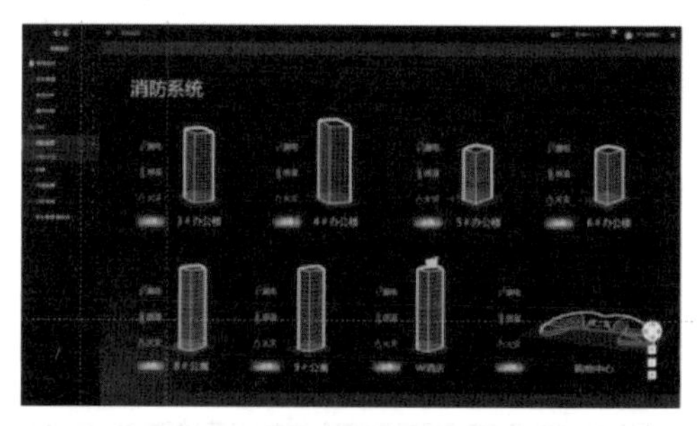

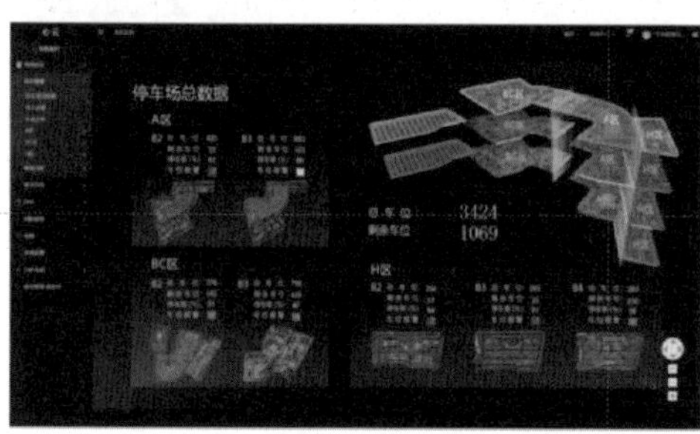

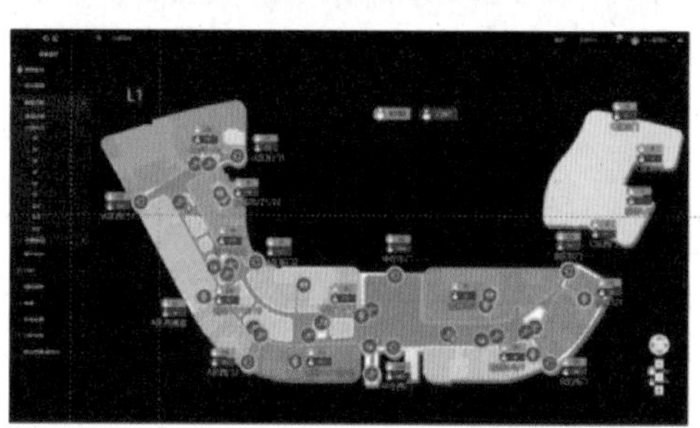

图 5.3　苏州中心综合管理系统

5.1.2　现状平台的问题

目前国内还有很多地下空间的管理水平还处于较落后的阶段，依靠少量的视频监控和人工巡查来进行地下空间的管理存在以下普遍性问题。

(1) 基础功能缺失。

在视频智能分析方面，对异常事件等缺乏主动预警，且事件识别准确率低。此外，系统缺乏对消防逃生疏散设施的监测与控制（卷帘门等设施缺乏监测、无法进行远程控制）等功能。

(2) 系统联动较弱。

各系统之间，尤其是与视频监控系统之间缺乏系统联动，包括对现场发生事件后的快速确认功能缺失，容易对管理效率造成影响，延误对事件的快速处置。

(3) 缺乏高效的应急管理预案。

缺乏系统性的应急预案分级与管控、正常运营预案、紧急电话报警预案、交通事件预案、火灾预案、空气污染预案、水淹预案、结构本体损坏预案、断电预案、管养预案及其他自定义预案。

(4) 运营管理的支撑不足。

日常各报表管理、人员管理及事件管理等运营管理缺乏智能化辅助手段支撑。

(5) 智能化创新应用方面相对较少，感知层建设及对监测数据利用方面功能较少。

(6) 缺乏统一数据编码标准。

现有综合监控平台内部设备接口众多、系统集成度不高，且扩展性较差。

(7) 信息加工深度不够。

缺乏隧道大数据的分析和应用模块，隧道内各业务系统的数据分析缺乏深度。

5.1.3　分散建设的问题

地下基础设施通常涵盖隧道、管廊、地块等空间板块，管养、安全、服务等业务板块，并涉及政府、企业、民众、第三方服务机构等用户板块。不同的项目经常因不同情况（如土建和信息化建设的不同步或前期统一规划的缺失）造成分散建设、分散运营。分散建设运营从短期来看可以使项目快速落地实施，但从长远来看存在以下不足。

1. 重复建设，造成建设浪费

分散建设的各个子业务平台建设方，均要求设置自有的监控中心，开发独属的信息系统，部分平台还要建设独立的信息机房和网络传输系统。由于缺乏前期的统一设计，在网络资源、计算资源、存储资源、机房、监控中心等资源上很难做到最大限度的资源共享，造成极大的浪费。同时，各自的系统建成后，由于业务长期独立运行，其升级演进所需的额外资源也得不到统筹管理，会造成持续的浪费或者效率低下。

（1）板块之间业务协同困难。

由于信息化系统的独立建设，不同系统之间的数据共享和业务交互变得困难，不同系统升级具有不同步性，这会让业务交互变得更加困难。业务交互的困难不仅仅是管理上的效率低下，也会在客观上推高总体的运营成本，并使得地下基础设施的运营风险增大。

（2）运营管理成本升高。

分散建设的平台常常需要不同的运营团队来负责日常的管养工作。三大业务板块所需的管养工作内容存在大量的同质内容，地下基础设施的日常管养工作安排和应急管理等工作也具有同质性。缺乏统一的运营管理平台会导致这类工作无法实现标准化和集约化，会使得总体运营管理成本升高。

（3）安全耦合风险增大。

地下基础设施由于其空间封闭性，一旦发生突发事件，后果非常严重，所以其安全管理是重中之重。对于在环路、管廊、地下空间各地块发生的突发事件，如果不能在统一的平台上管理所有与安全相关的要素，任何一个分离的安全平台都会导致关键信息的缺失、关键流程的卡壳，造成事故预警能力的缺失和救援决策的失误，对人民生命和财产安全带来极大的威胁。

2. 技术先进性不足

现有的常规地下基础设施机电监控系统在架构、功能和性能上存在较大差距，影响管理和运维效率，主要表现在以下几点。

（1）架构传统，扩展性差。

监控系统多数是 CS 架构①，不满足当下 Web 浏览器式轻量化操作，也不能满足手机、微信等终端实时监控，虚拟化、微架构、数据中台和应用中台等先进架构体系尚未应用，后续系统扩展性较差。

（2）功能单一，集成协同应用不足。

现有常规的地下基础设施机电监控系统针对单一设施设备进行管控，在管理对象和管理手段上缺乏有效支撑，难以满足地下基础设施精细化、智能化管理功能需求，难以对整体流程进行优化再造。

---

① CS 架构是 Client/Server，即客户端/服务器模式。

(3) 决策分析和智慧调度支撑不足。

未建立基于数据融合的问题监测发现机制与事件处置机制，联动处置难，不能满足地下基础设施运行管理联动指挥、决策支撑的需要。

(4) 自动化、智能化程度较低。

常规的监控系统未实现与各系统之间的信息交互，如电力、火灾、消防、电话广播和视频事件等，无法实现自动化响应和智能化分析。

(5) 数据整合和挖掘分析欠缺。

常规的系统数据整合困难，设备设施、人员、环境、管理行为缺乏关联，也并未对设备图纸、文档性资料、维修保养记录等进行整合，智能化分析程度低，无法满足实时数据大屏、智能数据预警等日益复杂的应用要求。

5.2　管控平台建设目标

结合南沙横沥岛尖复杂地下基础设施特点，梳理当前常规地下设施平台存在问题，研究如何构建南沙横沥岛尖地下多设施一体化的综合管控平台，并通过本专题研究给出初步平台架构搭建体系和相关模块方案。

通过建设地下一体化管控平台，建立统一管理、专业处置的一体化管养体系，降低地下基础设施的管理成本，提高运行效率。

以提升南沙横沥岛尖地下基础设施管控科学化、精细化、智能化水平为方向，以地下基础设施信息感知“一张网”、信息服务“一个脑”、地下展示“一张图”为总体要求，以广州南沙横沥岛尖复杂的地下环路、综合管廊、地下空间等基础设施建设为依托，按照“统筹推进、集约共享、标准有序、安全可控”的建设原则，坚持围绕“一盘棋”建设、“一体化”发展的建设思路，基于统一标准规范体系开展地下空间监控系统、地下环路管控系统、地下综合管廊监控与报警系统设计，明确各系统主要功能与覆盖范围，在此基础上实现地下基础设施各智能化系统的集成联动，建立“专常兼备、平战结合”的统一的地下基础设施综合运行管理平台。重点实现以下四大目标。

(1) 地下基础设施运行态势可视化展示。建立健全地下基础设施监控系统，搭建地下空间基础设施感知网络，抽取地下基础设施运行的关键指标数据，通过数据分析、报表工具、仪表盘工具等技术手段，通过大屏显示系统进行可视化展示，便于管理部门统筹部署与科学决策。

(2) 地下基础设施设备联动控制。基于统一的地下基础设施综合运行管理平台“大脑中枢”，实现视频监控、安防应急、消防预警等领域的各类智能化系统有效集成联动，通过数据资源的联动联通，实现不同设备的联动控制，全面提升地下基础设施运行管理效率和事故监测预警能力，保障地下基础设施运行安全与城市运行安全。

(3) 地下基础设施应急管理高效处置。基于信息处理、大数据等先进技术手段与数据资源互联互通，实现地下基础设施管理指挥响应和问题处置的流程再造，推动对地下空间基础设施运行突发事件的快速响应、准确预测、快速预警和高效处置，打造发现、派单、跟踪处置和监督、考核等一套完整的闭环工作流程，实现地下空间环路交通、综合管廊、机电消防等基础设施管理领域的协同管理、联动处置，提升地下基础设施运行管理效率。

(4) 地下基础设施公共服务水平全面提升。基于大数据、人工智能、GIS、数字孪生等先进技术能力支撑，通过对地下基础设施各类智能化应用场景的不断发现和提炼，持续打造地下基础设施智能化服务平台。平台提供多样化的智能化服务，利用“粤系列”小程序入口和公众号等业务触达手段，向公众和企业提供与地下基础设施密切相关的智慧交通、智慧安全和智慧生活类服务，提升地下基础设施的公共服务水平。

5.3 管控平台建设思路

5.3.1 思路一：分步建设

分步建设模式下，地下环路、管廊、地下空间等各设施各自建立子系统（按现状工程推进），各平台子系统功能分别上线（子系统，包括用户端UI，日常应用模块功能全保留）。在此基础上，通过逐步接入各子系统数据、强化运营管理等，逐步取代底层系统，实现分阶段逐步搭建统一地下管控平台（图5.4）。

该模式的优点在于对工程推进影响小，模式成熟，前期投资可控、风险较小；可分步实施（不作为本次工程范围）单独立项。缺点在于平台功能受限，资源利用率低，后续演进规划难以顺利进行，包括与子系统对接协调问题、数据标准问题，改造原系统接口对接会产生额外费用。

5.3.2 思路二：统一平台架构建设

统一建设平台架构模式下，不独立建设三类综合系统，在统一平台架构下，通过弱电系统统一接入，一步到位完成全部功能设计建设（图5.5）。

此模式的优点在于功能完备、先进性强、资源利用率高、升级成本低，真正做到一个平台服务多用户、多角色，长远看可节约整体投资；便于未来与其他平台的统一对接

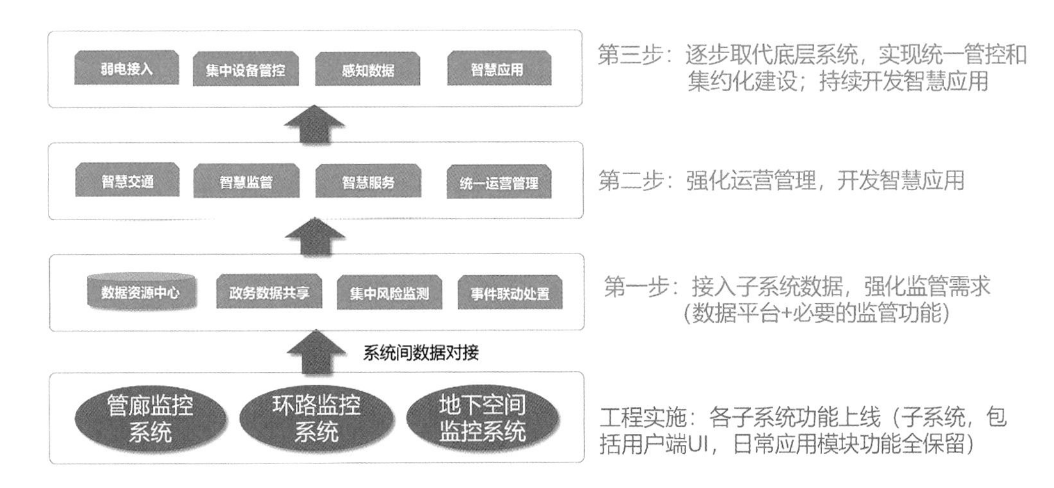

图 5.4　分步建设模式

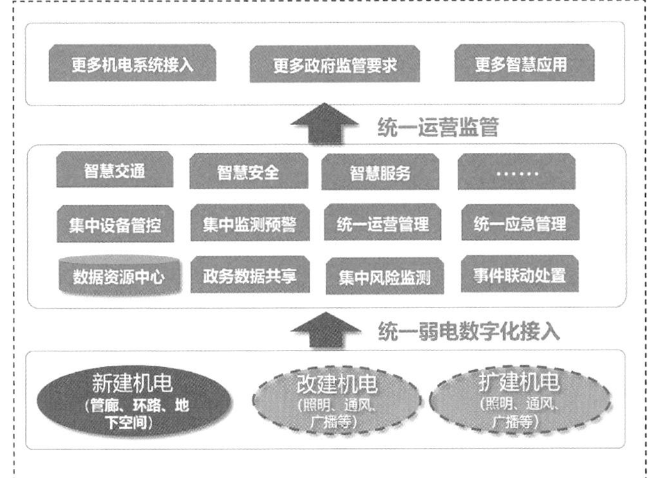

第二步：平台功能不断拓展升级

第一步：接入各类机电系统数据，同步开发面向运营管养-政府监管和公众侧的智慧应用

工程实施：各机电子系统功能上线

图 5.5　统一平台架构模式

和协调。缺点在于协调难度较大（多设施类型）、对传统管养模式系统颠覆性大；设计难度高，一次性投资大，存在因为土建工程建设时序先后而导致平台优势在早期难以充分展现的问题。

由于本项目涉及的地下基础设施各类建设时序不同，为便于项目推进建设，采用了思路二进行建设。

5.4　综合管理平台

横沥岛地下基础设施综合管理平台从提升功能、新增功能、创新示范三个等级维度提升传统综合监控系统功能（图5.6）。其中，提升功能包括应急管理、运营管理等软件功能；新增功能包括智慧交通管控、智慧防灾系统、结构健康监测系统等；创新示范包括地下导航系统应用等功能。集成上述系统功能，实现数据交互，共享信息，统一整合至一套完整一体化新型的综合管理平台。平台向上对接综合的智慧城市平台，有效提升地下基础设施体系运行管理效率和事故监测预警能力，逐步实现管理精细化、智能化、科学化，满足地下基础设施规划建设、运行服务、应急防灾等工作需要。

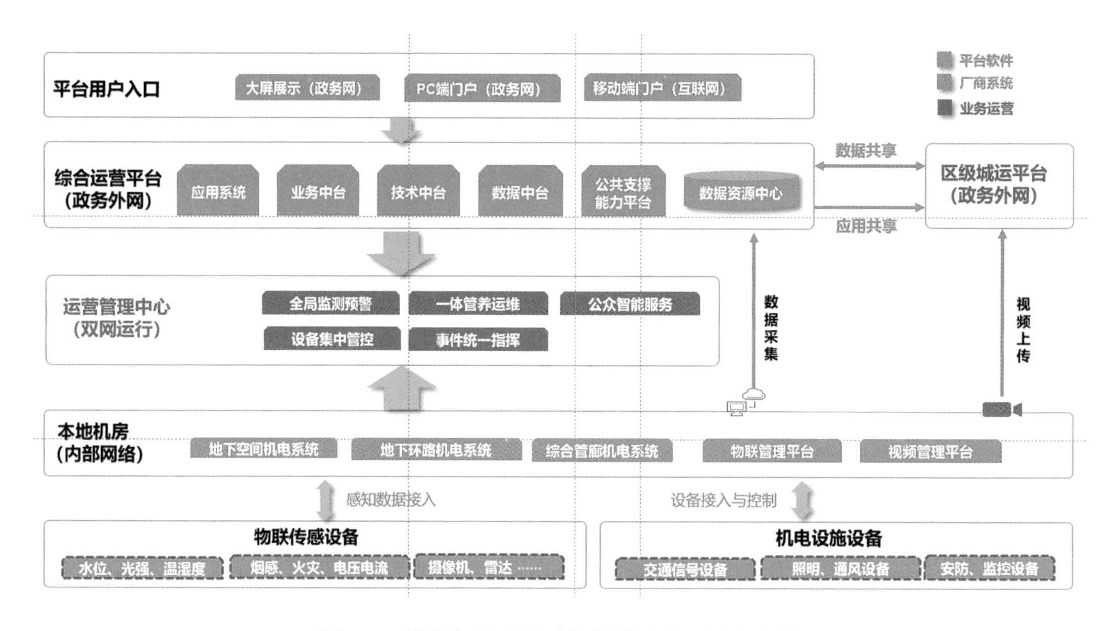

图5.6　横沥岛地下基础设施综合管理平台架构

5.4.1　基础设施层设计

基础设施层包括云基础平台和感知接入平台。云基础设施包括IaaS层服务和PaaS层服务，其中IaaS层服务包括以下5种服务。

(1) 计算资源服务：提供虚机、裸金属服务器等计算资源服务。

(2) 存储服务：提供块存储、对象存储、文件存储、镜像存储等服务。

(3) 网络服务：提供网络接入、带宽分配、弹性IP等服务。

(4) 安全服务：提供网络安全（防火墙、入侵防御、DDOS防御）、主机安全（木马后门、webshell检测、密码破解检测等）等服务。

(5) 安全运维服务：提供平台VPN、堡垒机等服务。

广东省、市两级政务云平台基本建设完成了基础IaaS层服务，可直接利用数字政府公共支撑能力。

PaaS 层服务包括以下 3 种服务。

(1) 微服务引擎：提供微服务发布及管理、容器管理等服务。

(2) 数据库服务：提供关系型数据库云化服务、分布式数据库服务、分布式 NoSQL 集群等服务。

(3) 智能运维服务：提供云平台智能化运维服务。

根据广东省、市两级政务云的建设和管理情况，如已经具备 PaaS 层服务支撑能力，则可直接利用数字政府公共支撑能力，如果本级政务云不能满足项目建设需求，则自行建设所需的 PaaS 层服务能力。

感知接入平台是由各类感知设备组成的感知体系。一是通过物联网关接入各类机电设备的数据，对机电设备的状态、报警等信息进行集中处理；二是通过 5G、物联网等设施采集感知横沥岛尖智慧地下空间基础信息，实现对地下基础设施环境、车辆、人员等管理服务对象的充分感知。

5.4.2 数据层设计

建设基于横沥岛尖地下基础设施的数据资源中心，汇聚现有横沥业务系统基础和业务数据，将分散、独立运行的数据和系统进行整合，并通过物联网感知采集设备进行实时现场采集，再将采集到的数据进行汇集、清洗、转换、加载、分析和综合利用，形成规范、统一、精确、标准的数据，为各类地下空间应用和相关智慧化应用提供准确、唯一的数据来源，尽量避免数据的不一致性，从而提升数据质量和数据管控力度，并为相关管理机构提供跨系统的交叉决策分析支持。

依据地下基础设施综合管理需求建立主题库，支撑数据资源平台海量数据不同场景的存储和计算；建设数据共享交换子系统，打通数据接入和共享的通道与流程；建设数据管理子系统，保障数据资源平台数据标准与质量，形成数据资源目录，管理平台所有信息资源；建设数据服务子系统，通过数据门户、目录门户和数据接口服务实现数据统一的对外共享与开发。

5.4.3 智慧地下大脑设计

地下空间智慧大脑是整个横沥岛尖地下空间的运转中枢，是实现“可看，可用，会思考”的核心组件，是帮助隧道管理者提高运营管理水平，驱动隧道管理走向精细化，实现“一图全面感知横沥家底、一键全局辅助决策、一体综合运营管理服务、上下立体运行联动”的永动机。主要的核心组件包括业务中台、数据中台、技术中台和公共支撑能力。

业务中台主要以业务运算模型为依托，利用数据中心的大数据对横沥岛尖地下空间进行全视角运行监测、预警预测、决策分析，形成服务于横沥岛尖地下空间的智慧业务(图 5.7)。业务中台主要包括设施运管智能调度、统一用户管理、应用管理、日志管理、分析决策和专题分析等模块。业务中台依托数据中台和技术中台提供的各项能力，对系统能力进行业务性转化和融合，面向上层应用提供共享的场景支撑服务。其支撑能力来源包括对数据中台能力的应用、人工智能能力的应用、地理信息和数字孪生能力的应用，以及融合各平台能力的综合性应用。

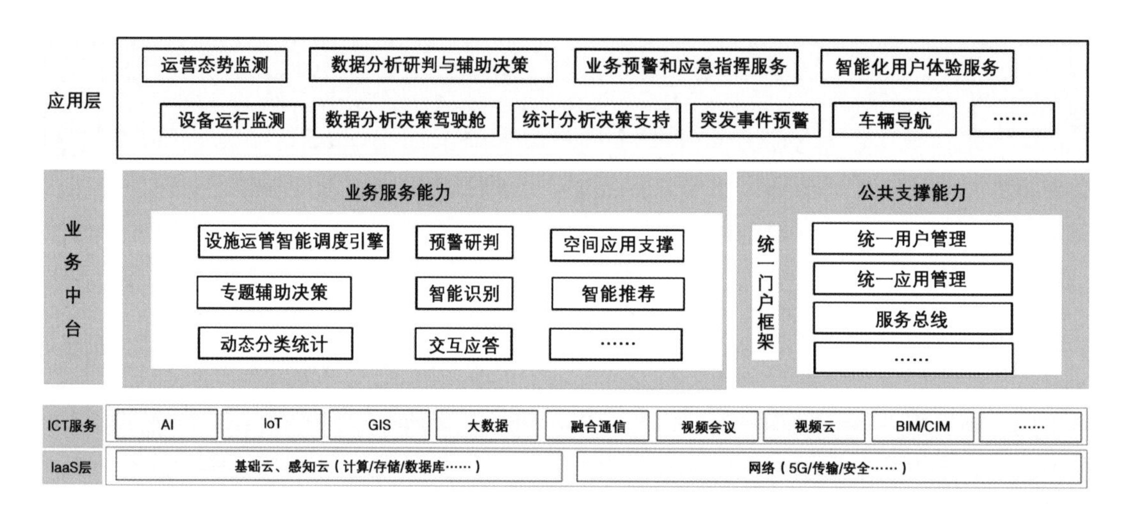

图 5.7　业务中台

数据中台汇聚横沥岛尖地下基础设施、环境、人员、车辆等数据资源，提供丰富的数据智能算法，多源、异构、海量数据的管理，以及丰富的开发接口与主流计算框架，形成数据目录服务和智能化分析服务（图 5.8)。数据中台的设计一方面为各类应用提供业务模型和数据智能方面的支撑，让各场景能够使用跨结构、跨领域、跨维度的鲜活智能数据，实现从不同视角和维度洞察业务。另一方面，综合管廊、环路交通、设备管理等业务场景持续产生的运营数据，又促使数据治理流程和业务模型的进化改良，形成良性循环。本项目的数据中台建设包括智能标签、数据探索、算法库、智能模型运算等模块。

数据中台具有建立数据模型、人工智能算法模型分析、行业应用等能力。通过数据模型构建能力，解决大数据汇聚和存储问题，借助人工智能算法模型分析能力，实现数据的深度挖掘分析，通过场景应用提升行业应用能力。其主要功能设计如下：

(1) 多业务系统数据融合。对接地理信息系统、视频监控系统、横沥岛尖地下基础设

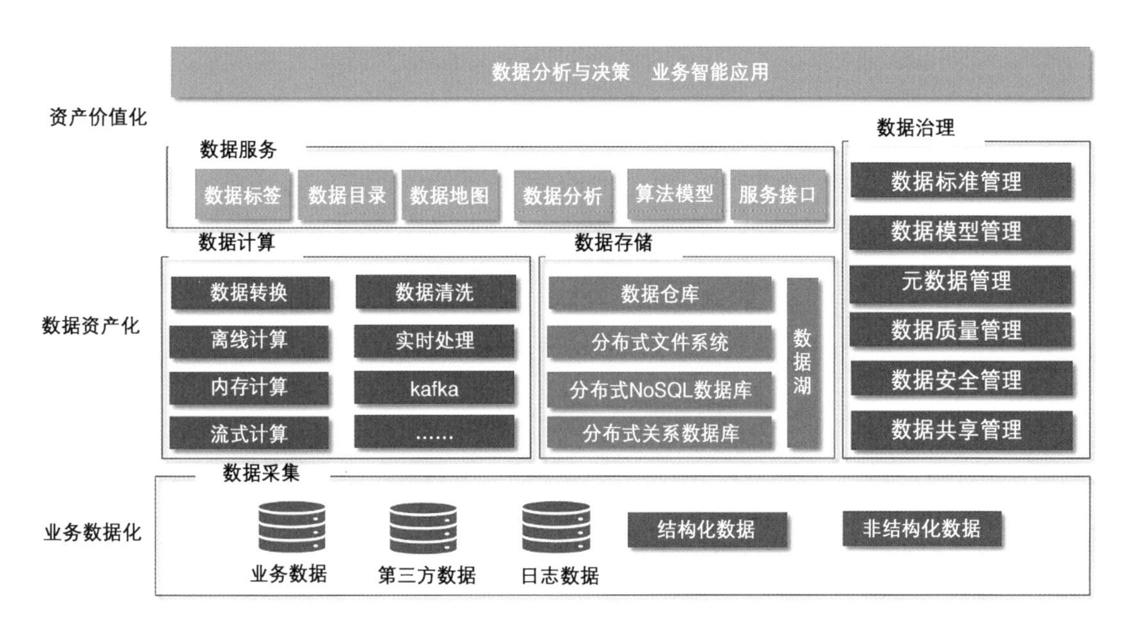

图 5.8　数据中台

施机电系统等现有业务系统。

(2) 多源数据兼容、各类传感器数据融合。支持集成物联设备感知、射频定位矩阵、移动终端、环境监测传感设备等各类传感器以及移动终端采集的数据；对重点事件、重点车辆、基础设施、视频数据等要素信息进行态势监测。

(3) 数据交换共享与数据库建设。包括基础数据库、主题库和专题库，从业务需求出发，依照地下基础设施各类业务需求进行专题划分，包括设施设备维保库、地下基础设施防灾库、地下空间能耗库、地下交通诱导库、地下交通管控库、综合管廊运行监控库等。

(4) 数据应用服务。提供大数据能力服务，包括大数据分析、挖掘工具，如 BI 分析、基于机器学习和深度学习算法的可视化建模等；提供智能运算模型，对存量数据、网络数据、物联数据运用智能数据运算模型与物联数据进行协同分析。

(5) 数据实时计算。可通过 Spark Streaming、Storm、Flink 等实时计算组件，基于事件驱动方式对实时数据进行处理。

技术中台主要包括物联管理平台、地理信息平台和数字孪生平台（图 5.9）。其中，物联管理平台由物联智能网关、物联安全服务和物联数据服务组成，包括各类物理设备的网络接入与监控、数据的接入与控制以及认证与防入侵监测。地理信息平台依靠 GIS 平台引擎及工具包，为 GIS 地图提供数据等服务。数字孪生平台结合 GIS、BIM、视频监控和 IoT 等基础，为地下基础设施管理提供设备设施标注、设备状态监控、信息展示、可视漫游和远程管理等功能。

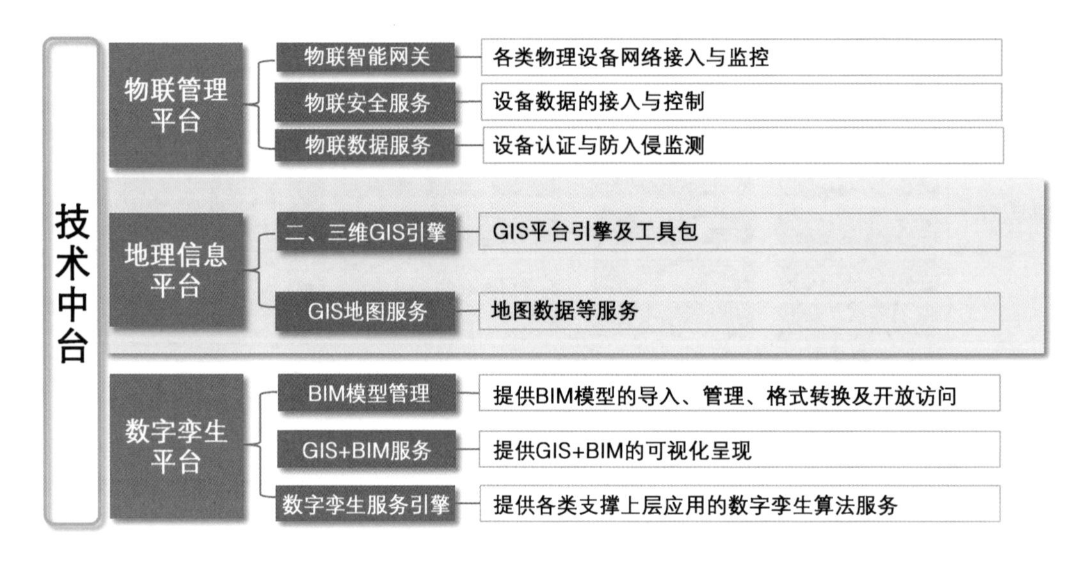

图 5.9　技术中台

公共支撑能力通过与政务云平台的对接和数字政府公共支撑能力，实现平台类系统间的统一消息通信与用户统一管理、云平台的智能化维稳与网络安全运维。

5.4.4　应用层设计

5.4.4.1　综合展示平台设计

综合展示平台是对整个系统所需显示的地下基础设施运行状态的动态监管，实时对各种采集到的信息进行多画面显示和分析，能够直观、完整、准确、清晰、灵活地显示各方面信息，便于及时做出判断和处理。

综合展示平台由用于态势感知场景的综合展示屏、常态和非常态运行主题展示的主题屏以及地下空间功能区专题展示的专题屏三个模块构成。依靠综合展示平台，支持多项智慧化服务，包括一体化交通诱导、智慧停车信息发布、智能信息搜索、互救需求对接、地下空间定位导航、地下空间全景漫游、信息定向发布和活动发布预约等。

1. 综合展示屏设计

如图 5.10 所示，综合展示屏以图表、文字、地图形式，主要展示横沥岛尖地下空间的基本情况、交通、人流量、公共安全的总体情况，以 BIM 结合 GIS 地图为设计要素，利用数字孪生模型（交通实时车辆运动），在主屏上立体显示交通情况、设施运行情况、安全管理情况、视频等综合要素，同时还支持三维场景下的手动、自动巡航。

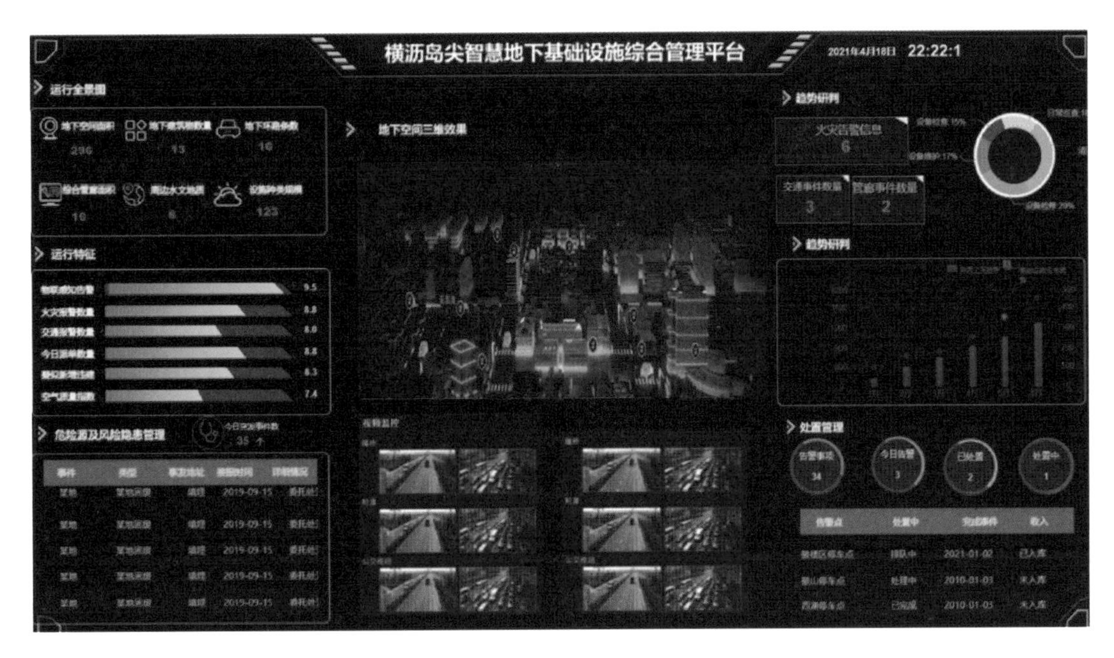

图 5.10　综合展示屏示意

2. 主题屏设计

主题屏主要针对常态下设备设施的状态监控和管养维护，以及非常态下突发事件的应急管理和辅助决策，并且建立两种模式下的工作场景监测监控和事件指挥调度的展示，主要包括综合设施管理平台和运维管养与应急管理平台。

3. 专题屏设计

专题屏的功能是对地下基础设施各类功能空间进行分类专题展示，包括地下空间综合管理、地下环路交通管控和综合管廊智能监控与运维管理（图 5.11）。地下空间综合管理平台主要对地下空间总长度、开发规模以及地下建筑、地上设施建筑、地下停车场、下沉广场等资源进行二、三维一体化展示和查询，宏观上支持整个城市地下空间资源的整体统计和展现，微观上能够实现具体地下空间下沉广场、地下停车场等构筑物的三维虚拟现实浏览和信息查询。

5.4.4.2　设备设施管控

设备设施管控平台主要对地下空间基础设施的数量、类型、分布情况、告警情况（告警数、已派单数、处置完毕数、待处置数）、设备新增数量、设备故障情况（故障类型、故障发生频次）、设备维护情况（维护次数、维护年限）、地下管廊健康分布情况（实现场景的立体化展现）、感知设备监控情况（实现场景的立体化展现，显示设备类型、

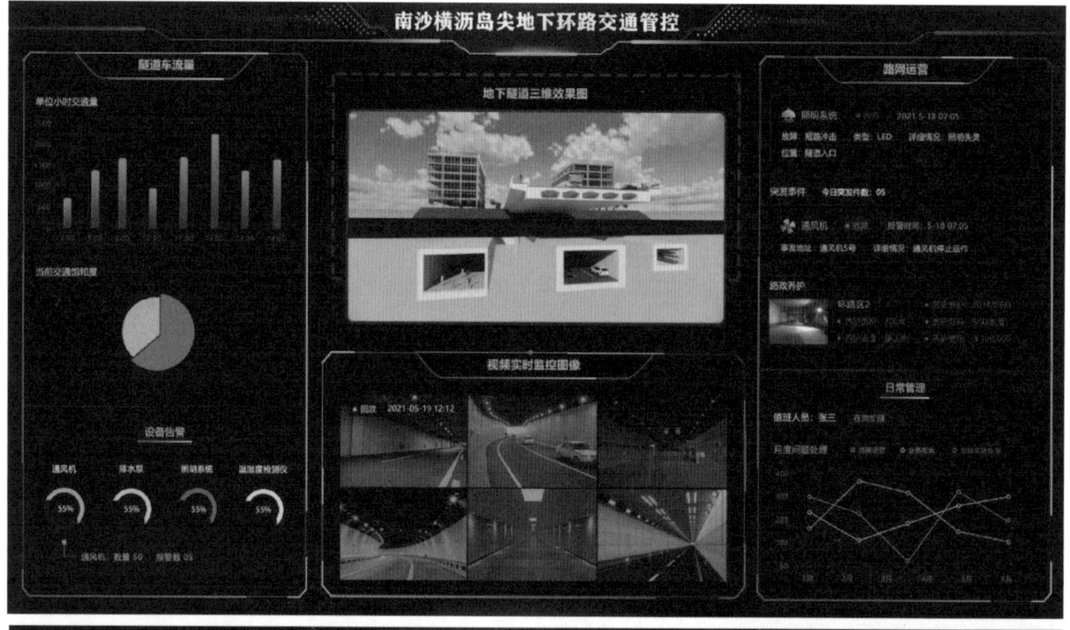

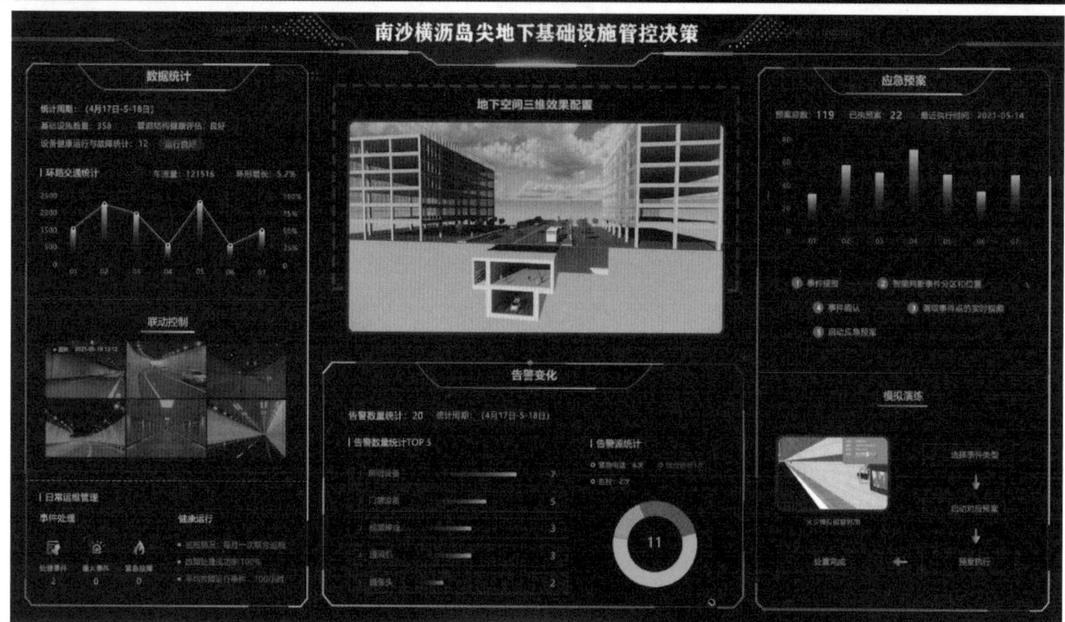

图 5.11　专题屏示意

监控覆盖区域、告警情况、处置情况等信息）等进行展示和统计（图 5.12）。

平台支持综合管廊、地下环路、地下空间等领域视频监控系统、管网传感器、雷达等多种设备的接入，可使多种业务子系统终端设备和系统接入该平台，并且能够在一张 GIS 地图上集成管理、控制和显示，从而实现地下空间多区域实时监测，自动识别、自动报警、联动处理及远程控制等功能。

图 5.12 设备设施管控

此外，设备设施管控平台在使用过程中，可以在二、三维场景中任意切换，并且在二、三维任意场景中选中设备时，即可实现对该设备的操作，同时可以查看该设备的相关信息、文档资料和技术图纸等。此外，利用该平台还可以实现在三维地图上手动巡检、自动巡检，监测设备运行状态。

5.4.4.3 运维管养与应急管理

运维管养与应急管理平台主要设置基础数据分析、系统联动展示、应急预案管理、模拟演练、日常运维管理及应急事件仿真推演分析 6 个关键指标体系，提供基于地下基础设施运行管理数据、基础空间数据的三维可视化智能分析应用。该平台通过对地下基础运行过程中的突发事件进行快速响应、准确预测、快速预警和高效处置，为地下空间管养中心、各有关部门、应急管理机构面向地下基础设施突发事件的预测预警和决策调度提供科学支持。

此外，该平台开发了基于 AI 技术的事件处置“全流程”自动流转算法，实现了事件发现、分级、处理和分类归档全流程的智能化自动流转（图 5.13）。

5.4.4.4 智能化服务

智能化服务平台基于大数据、人工智能、GIS、数字孪生等技术，对地下基础设施各类智能化应用场景进行不断提炼，持续打造地下基础设施智能化服务平台。平台提供多样化的智能化服务，利用“粤系列”小程序入口和公众号等业务触达手段，向公众和企

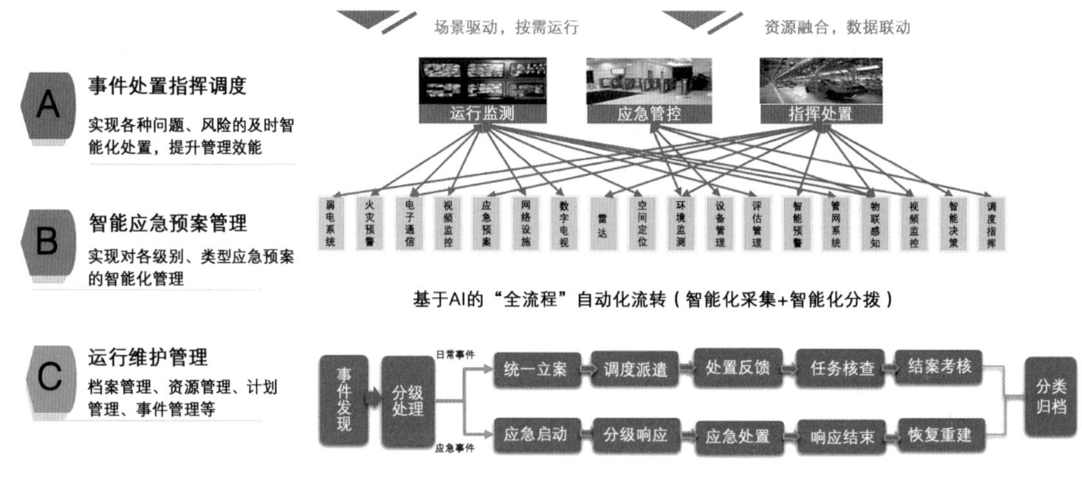

图 5.13　事件处置流程

业提供与地下基础设施密切相关的智慧交通、智慧安全和智慧生活类服务，提升地下基础设施的整体安全和公众服务水平。

5.5　与南沙其他平台的关系

项目通过与各领域子系统数据以接口的方式接入，建设数据中台，并通过向“数字南沙”城运中枢及全域大数据中心平台共享，构建成明珠湾横沥岛尖智慧地下基础设施的专题应用数据。同时，各上层应用系统可通过接口获取、数据订阅、数据推送等方式，调取横沥岛尖地下基础设施有关数据资源以支撑有关业务应用。

平台需要做好数据接口的开发，根据系统之间的数据对接和传输要求，开发建设包含创建接口、请求接口、获取最新实时数据信息等系统数据对接功能。具体需要考虑与以下平台的对接：

1. 明珠湾区起步区开发建设指挥部工程管理信息系统

通过与南沙明珠湾区起步区开发建设指挥部工程管理信息系统进行数据对接，实现对明珠湾有关工程建设、工程项目管理等系统数据的归集与整合。

2. 明珠湾智慧城市信息平台

通过与明珠湾智慧城市信息平台进行对接，实现已有的数据资源、城市运行维护等数据的归集与管理。

3. 南沙区全域大数据中心

通过与南沙区全域大数据中心进行对接，实现横沥岛尖地下基础设施的专题数据对南沙区政全域数据资源的共享，为数字南沙城运中枢提供有力的数据支撑。

4. 南沙区视频资源统一管理平台

通过与南沙区视频资源统一管理平台进行对接，获取视频的结构化数据与非结构化数据等。结构化数据如一机一档及视频播放链接地址等，非结构化数据包括重点视频数据及普通视频监控数据等。

5.“数字南沙”城运中枢

通过与南沙区“数字城市”城市运营中心建设项目中建设的“数字南沙”城运中枢进行对接，归集地下基础设施的数据资源，建设成南沙明珠湾横沥岛尖的地下基础设施数据汇聚节点，完成与南沙区“数字城市”城市运营中心的对接与共享。

5.6 本章小结

本章梳理了常规地下设施平台的建设模式和存在问题，结合南沙横沥岛尖地下基础设施特点，系统研究了地下多设施一体化的综合管理平台，给出了初步平台架构搭建体系和相关模块方案。通过建设地下基础设施一体化管理平台，建立统一管理、专业处置的一体化管养体系，降低地下基础设施的管理成本，提高其运行效率。

6　地下基础设施 5G 网络规划

6.1　概　述

地下基础设施运营需要建设有线和无线综合的网络系统，考虑多种方式的融合，随着 5G 技术的逐步推广应用，地下基础设施管理运营也需要 5G 网络技术支撑，可为提升地下空间精细化管理水平和保障运营安全提供了智慧化创新手段。但目前针对地下空间的 5G 系统覆盖部署策略较少，缺乏统一的建设导则，常常导致后续的设施建设缺乏规范化依据。

本章结合横沥岛尖地下空间智慧应用场景分类，以及 5G 地下室内覆盖的特点和难点（高频组网、工程复杂、海量运维等），研究地下空间 5G 覆盖部署策略，提出建设设计原则、通用规定及相关要求，为横沥岛尖地下空间 5G 网络室内覆盖新建、扩建、改建工程提供指导。

6.1.1　总体原则

5G 移动互联网通信技术是现今广泛应用的 4G 移动互联网通信技术的延伸和发展，相较于现今所使用的 4G 移动互联网通信技术其在传输速率、信号传输的稳定性等方面更具优势。5G 网络不仅传输速率提升，相对于目前的通信技术还具备兼容性高的优点，既涵盖已有的网络制式，还可以实现多种模式和制式的结合，形成一个清晰的网络管理架构，为大数据时代和人工智能时代提供更为智能化的服务和保障，为人们带来更智能、更丰富的业务应用。

5G 网络以用户为中心构建全方位的信息生态系统，渗透到社会生活的各个领域。对于城市地下空间，5G 可以为智慧城市、智能交通、结构监测、雷达应用等行业应用提供海量终端接入；为车联网、无人驾驶、室内导航、机器人等行业应用提供超低时延、高可靠性、强安全性的通信支持；为超高清视频直播、增强现实、混合现实等提供超高带宽的通信保证。

6.1.2　地下各设施对 5G 网络要求

根据横沥岛尖地下空间开发建设规划，地下空间主要包括地下车行系统及地下人行系统两个大类。地下车行系统包括地下环路、地下车库，地下人行系统主要包括地下人行通道、地下商业空间等。

地下环路为隧道，属于密闭的受限空间，隧道洞体高、里程长、通行车速快，对5G网络信号质量影响较大。地下环路隧道弯曲区间、多车同时行驶等场景，也会对无线电波传播的差异构成重要影响。5G建设应在车辆快速移动通信方面进行功能增强，保证网络传输具备极高的可靠性。

地下车库人流密度较低，为方便人们生活，减少地下车库安全隐患，满足智慧停车引导等物联网连接需要，5G网络应以解决信号覆盖需求为主，保证地下车库的通信及场景应用满足覆盖指标的要求。

地下商业主要为综合型的商场，5G网络建设的侧重应根据不同的商业功能，考虑不同场景下对网络的需求。如在餐饮、娱乐、少儿培训等场所，尤其是这些场所中的排队等候区域等人员密度较高的场景下，以满足容量需求为优先；在普通购物商铺、物业办公等人员密度较低的场景下，以满足覆盖需求为优先。

地下人行通道的人流密度较不稳定，不同区域、不同时段的人流密度存在很大的差别，因此业务量变化剧烈。5G网络需求随时间变化，应具备灵活的扩容能力，支持容量弹性。

6.1.3 创新应用对5G网络要求

5G网络有三个主要应用场景，分别是高带宽、低时延和众连接。5G网络可用于移动音视频回传、室内定位导航、结构监测、雷达应用、智慧巡检等地下空间场景。5G网络应用于以上场景时应符合下列要求：

(1) 对于安全级别要求较高，并对高带宽、低时延性网络要求较迫切的业务，应采用5G专网建设。对于公众商业服务类场景，安全级别要求相对较低，宜采用5G公网接入方案。

(2) 对于视频回传应用场景，5G网络应支持4K等高质量的音视频传输，支持管理人员实时远程查看分析。

(3) 对于基于室内定位导航的自动/辅助驾驶等场景，5G网络需要保证定位数据回传及预警下发的实时性，网络时延不超过30 ms。

(4) 对于结构监测等感知场景，5G网络应支持不少于10 000个监测节点的接入需求，时延低于500 ms。

5G在高带宽、低时延、众连接及移动场景下，能发挥其优势和作用。针对地下空间既有的成熟网络系统，对于网络带宽要求不高、时延要求不高、连接数不大的，可以沿用既有的组网方式。5G 的功能定位，不是对原有网络的替代，而应是对其的补充，对于高清音视频回传、室内定位导航、结构监测等应用，用 5G 网络结合的效果会比较好。

随着网络标准的不断完善，基于 5G 的行业应用应根据 5G 网络的技术发展，合理规划实施。

6.2 地下空间 5G 通信基站建设研究

6.2.1 一般要求

5G 现有 NSA 及 SA 两种网络架构，横沥岛尖应以 SA 方式作为目标网络架构，实现地下空间各种场景的 5G 覆盖，并着重考虑以室内分布系统的方式建设 5G 网络。

应按照不低于下行边缘速率 50 Mbps、上行边缘速率 5 Mbps 进行网络规划建设。各基础电信企业可根据自身网络条件，对主要场所的边缘速率指标进行拔高。

5G 建设应结合业务特点以及人民群众切实需求，综合考虑 4G、5G 的协同建设。

针对地下城市空间，应综合采用微小基站、美化天线、泄漏电缆等建设方案，实现小型化、美观化、隐蔽化、景观化的融合目标。

6.2.2 网络总体架构

SA 组网方式下，无线接入网通过 N2 接口与 5G 核心网 AMF 连接。5G SA 组网逻辑框架构图如图 6.1 所示。

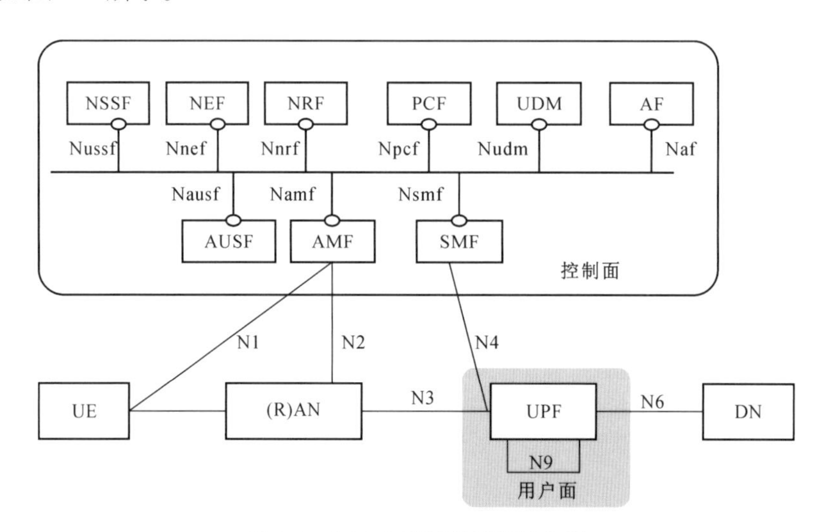

图 6.1 5G SA 组网逻辑框架构图

6.2.3　核心网建设策略

5G建设以SA为目标网架构，5G核心网可采用云化部署，控制面按各运营商规划大区集中部署，对用户面转发资源进行全局调度，用户面按需下沉，实现分布式灵活部署。5G核心网应具备语音业务的承接能力。

随着标准和技术的逐步演进与完善，5G核心网按需升级支持eMBB、mMTC和URLLC场景。边缘计算设备根据不同场景、业务需求综合选择，灵活部署。

推动多网融合技术发展，在多网融合技术和产业成熟后，适时考虑5G核心网支持多种接入方式的统一管理和统一认证，实现多种接入网络之间的数据并发或数据调度，保持业务和会话的连续性，发挥多网融合优势。

6.2.4　5G地下空间信号源建设要求

信号源建设应包括使用制式和频率选择、信号源类型选择、覆盖分区设置、容量配置、干扰协调分析、信号源安装、接口配置和GNSS天线安装。

各运营商5G频段划分如表6.1所示。

表6.1　运营商5G频段划分

运营商	频率范围/MHz	带宽/MHz	备注
中国移动	2 515～2 675	160	4G/5G频谱共享
	4 800～4 900	100	
中国广电	703～733/758～788	2×30	
	4 900～4 960	60	
中国电信/中国联通/中国广电	3 300～3 400	100	三家室内覆盖共享
中国电信	1 920～1 940/2 110～2 130	2×20	两家共建共享
	3 400～3 500	100	
中国联通	1 940～1 965/2 130～2 155	2×25	
	3 500～3 600	100	

采用专网建设5G时，网络频段应符合国家、地方相关规定。

基带单元安装建设应符合以下要求：共用信号源时应选用插入损耗小的无源器件；安装在机架内的基带单元之间应预留不小于1 U的散热空间；单个19机架内安装的基带单元设备不宜多于6台；在机架内安装的基带单元设备应在机架内可靠接地。

根据基带单元安装位置和现场安装条件，信号源同步可选择GNSS信号方式或地面网络方式。采用 GNSS 同步时，GNSS 应优先选择北斗系统；多个基带单元共址设置时，GNSS 系统应通过合路方式建设，分路建设中应考虑合路器带来的插损。

6.2.5 地下空间 5G 分布系统建设要求

分布系统建设内容应包括通道、链路预算、分布式信源、无源器件、缆线和天线，其中分布式信源包含前端汇聚单元和远端射频单元。

5G 室内分布系统用于覆盖建筑物内部、楼宇室内及地下道路、地下通道、地下商业、地下车库等地下空间等场景，可采用数字化有源室内分布系统（分布式皮基站）、无源分布系统、小站等方式实现多基础电信企业、多系统共建共享。在与其他设施方案衔接时，要明确预留室内分布系统建设所需的空间资源，保证室内分布系统电源、光缆、天线和设备等都具备安装条件。电磁波在空气传播和穿透任何介质的时候都会有损耗，在距离一定的情况下频率越高，损耗越大。5G 在采用有源室内分布系统建设时，以损耗较高的 3.5 GHz 频段为例，根据自由空间损耗公式，在地下通道等空旷场景时，单 pRRU 覆盖半径 30～50 m 能达到较好的覆盖效果，在有隔墙的场景时，单 pRRU 覆盖半径 15～20 m 就能达到较好的覆盖效果。不同穿透场景下，5G pRRU 在 3.5 GHz 频段下的参考覆盖半径如表 6.2 所示。

表 6.2 5G pRRU 在 3.5 GHz 频段下的穿透损耗

类型	自由空间场景	一面普通木板墙/普通玻璃墙	两面普通木板墙/普通玻璃墙	一面 12 cm 石膏墙	两面 12 cm 石膏墙	一面 15 cm 单层砖墙	两面 15 cm 砖墙	一面 25 cm 混凝土墙
4T4R 单远端覆盖半径/m	25～30	20～26	12～17	13～17	6～8	10～15	4～5	4～6

地下空间及隧道内所用设备、终端盒的箱体应选用体积小、质量轻、耗能少、防尘、防锈、防震、防潮的设备和材料，其防护等级应满足 IP65 防护标准。

4.9 GHz 频段由于目前尚无室内覆盖的成熟产品，对于特殊需求场景采用一事一议的方式考虑采用 AAU 设备放装覆盖，按需部署。

6.2.6 5G 与其他通信系统室内部署隔离要求

从基础电信企业频谱分配及当前重耕为 5G 的频谱来看，5G 的 2.6 GHz 系统与 LTE 的 D 频段属于邻频，而且未设置保护间隔，需要时隙对齐以避免时隙干扰。5G 开通后，可能会对 D 频段造成干扰，需要在 5G 系统中设置频偏。对于 5G 和其他邻频 TDD 系统（3G/4G/5G）之间，暂时不存在因时隙不同而导致上、下行强干扰的场景，因此 5G 系统和5G系统之间，以及5G系统和异系统间的天面基本隔离要求为30 dB。

对于异系统间多次谐波的影响，存在二次谐波干扰的天面隔离要求为46 dB，主要为1. 8 GHz对3. 5 GHz的二次谐波干扰；存在三次谐波的天面隔离要求为43 dB，主要为800 MHz对2. 6 GHz的干扰。目前5G相关的天面空间水平和垂直隔离要求如表6. 3、表6. 4所示。

表6. 3　不同系统间天面水平隔离距离要求　　单位：m

系统2	系统1					
	2. 6 GHz 5G	3. 5 GHz 5G	4. 9 GHz 5G	2. 1 GHz 5G	1. 8 GHz 2G/4G	800 MHz/900 MHz 2G/4G
2. 6 GHz 5G	—	>0. 3	>0. 3	>0. 36	>0. 42	>3. 87（800 MHz） >0. 87（900 MHz）
3. 5 GHz 5G	>0. 3	—	>0. 22	>0. 36	>2. 65	>0. 87
4. 9 GHz 5G	>0. 3	>0. 22	—	>0. 36	>0. 42	>0. 87
2. 1 GHz 5G	>0. 36	>0. 36	>0. 36	—	>0. 42	>0. 87
1. 8 GHz 2G/4G	>0. 42	>2. 65	>0. 42	>0. 42	—	—
800 MHz/900 MHz 2G/4G	>3. 87（800 MHz） >0. 87（900 MHz）	>0. 87	>0. 87	>0. 87	—	—

表6. 4　不同系统间天面垂直隔离距离要求　　单位：m

系统2	系统1					
	2. 6 GHz 5G	3. 5 GHz 5G	4. 9 GHz 5G	2. 1 GHz 5G	1. 8 GHz 2G/4G	800 MHz/900 MHz 2G/4G
2. 6 GHz 5G	—	>0. 14	>0. 14	>0. 16	>0. 19	>0. 82（800 MHz） >0. 39（900 MHz）
3. 5 GHz 5G	>0. 14	—	>0. 1	>0. 16	>0. 47	>0. 39
4. 9 GHz 5G	>0. 14	>0. 1	—	>0. 16	>0. 19	>0. 39
2. 1 GHz 5G	>0. 16	>0. 16	>0. 16	—	>0. 19	>0. 39
1. 8 GHz 2G/4G	>0. 19	>0. 47	>0. 19	>0. 19	—	—
800 MHz/900 MHz 2G/4G	>0. 82（800 MHz） >0. 39（900 MHz）	>0. 39	>0. 39	>0. 39	—	—

在5G室内覆盖建设中，5G小基站的天线与DAS系统的天线隔离距离要求为至少1. 5 m。

6.3 地下空间5G配套设施建设研究

6.3.1 一般要求

地下空间5G配套设施建设要求同步满足各基础电信企业各制式网络需求，包括机房、传输、电源等配套需求，并预留未来毫米波5G的配套需求。同时还需要满足安全、节能、环保及共建共享的要求。

6.3.2 机房建设要求

信源机房选址应满足信号源同步GNSS信号方式或地面网络方式的接入要求。机房面积（空间位置）应满足终局容量的需求，并为其他业务预留空间。基站机房净宽度不应小于3 m，净高度不低于2.6 m，每个基站机房面积不低于30 m^2。对于建筑楼宇室内分布系统，室分机房宜与建筑物弱电间合建或与电梯机房贴建，宜靠近所覆盖区域的中心位置，机房面积不小于50 m^2 机房面积/100 000 m^2 建筑面积。对于地下交通场景，机房面积不小于50 m^2 机房面积/3 km隧道及交通干线长度。应在建筑物每层的弱电间、电梯井等预留远端设备安装空间及管孔资源，设备安装空间能够通过管道通达到最近机房，安装空间不应小于3 m^2。考虑5G物联网建设，宜预留更充足的设备安装空间。

机房选择在非电信专用房屋时，应根据5G基站及配套设备质量、尺寸及设备排列方式等对楼面载荷进行核算，采取必要的加固措施，并应符合工程建设的有关规定。

机房建筑、装修应符合工程建设要求。机房应密封，屋顶不得漏水，室内不得渗水，机房墙体、地面应平整密实，机房地面水平误差应小于2 mm；装修材料应符合《通信建筑工程设计规范》（YD 5003—2014）的有关规定。

在城市规划综合管廊以及浅埋缆沟、通信管道时要综合考虑通信运营企业的接入需求，为基站线缆引接预留管孔资源。机房内地槽、预留孔洞、预埋钢管、螺栓等位置与规格应符合工程设计和设备安装等建设要求，地槽盖板应严密、坚固，地槽内不应有渗水。

机房照明、插座的数量、位置及容量应符合设计要求，并应安装整齐、端正、牢固可靠，满足5G无线网络设备使用要求。

机房消防设施应符合《建筑设计防火规范（2018年版）》（GB 50016—2014）的相关规定。机房内环境整洁，不得存有工程余料废弃物及包装箱杂物，不得存放易燃易爆等危险品。

机房内通风、取暖、空调等设施完好，室内温度、湿度、洁净度应满足5G无线网络设备运行要求。机房环境应符合《通信局（站）机房环境条件要求与检测方法》（YD/T 1821—2018）的有关规定。

机房防雷接地系统及防雷装置应符合《通信局（站）在用防雷系统的技术要求和检测方法》（YD/T 1429—2006）的有关规定，满足5G无线网络设备使用要求。机房防洪应符合《防洪标准》（GB 50201—2014）中关于通信设施的有关规定。

6.3.3 传输建设要求

通信管道分为主干管道、次干管道、支路管道、引入管道，具体包括市政道路管道，汇聚、接入机房的出局管道、室内机房的引入管道等，通信管道建设应统筹规划，随市政道路同步建设，保障传输与电源需求的通达。

通信管道应结合综合管廊进行建设。建设管廊时，应统筹考虑各基础电信企业通信管道需求，并根据地块性质及通信线缆使用需求，设置线缆分支引出口。

管廊内通信线缆应采用非延燃线缆，可以采用分层、分槽敷设，宜平铺敷设，不宜堆叠敷设，以便于区分和相互之间不受影响。线缆不应与电力电缆同侧敷设，以免高压电力电缆可能对通信线缆的信号产生干扰。

市政管线综合及共同沟和市政场站设施，应结合各类智能管理的需求，综合考虑5G物联网建设，预留充足的槽道。

在建筑物智能化建设中须为室分线缆预留槽道位置。

6.3.4 电源建设要求

5G通信基站设备均为有源系统，基站机房、室分机房、交流室分设备等需外接市电的位置，其与市电接火点的距离不宜过长，建议在100 m以内。

5G站址应采用直供电，不低于三类市电，机房应采用三相380 V/50 Hz供电，远端设备可采用交流220 V/50 Hz供电。有条件的可考虑采用电网公司提供直流直供模式供电。

供电应统筹考虑各家基础电信企业需求，在满足现有网络制式的基础上，适当预留满足未来演进的需要。

地下车行环路、地下人行通道等场景，电力按照不小于50 kW/3 km预留容量；地下商业、地下车库等覆盖场景，电力按照不小于50 kW/100 000 m^2设施面积预留容量。

对于多功能信息杆柱类5G站址，除满足5G系统综合用电需求外，还应满足挂载的所有其他系统的用电需求，并作适当预留。

电力电缆应采用低烟无卤阻燃电缆。选择电源主干和分支线路的规格时，宜在目前负载功率的基础上，上浮50%～80%，以满足未来机房机器升级时的供电需求。导线额定电压应大于线路的工作电压，导线的绝缘应符合线路的安装方式和敷设的环境条件，导线的截面积应能满足供电和机械强度的要求。

电源线应放置在PVC管道或专用的电源线槽/架中，不得裸放在明处。电源线布放在槽/架内可不捆扎，但不得交叉或溢出槽/架，进出槽/架应捆扎固定。直流电源线、交流电源线、信号线必须分开布放，应避免在同一线束内。其中直流电源线正极外皮颜色应为红色，负极外皮颜色应为蓝色。

电源线、信号线必须是整条线料，外皮完整，中间严禁有接头和急弯处，且需在导线两端进行标识。电源线可采用分组点接的模式，严禁采用逐一串联的模式。电源线及其管、沟穿过不同区域之间的墙、板孔洞处，应以非燃性材料严密堵塞。

导线布置应按《电力工程电缆设计标准》(GB 50217—2018) 的规定执行。

6.3.5 安全防护

根据《电信设备安装抗震设计规范》(YD 5059—2005) 的要求，设备安装须考虑抗震加固。电信设备安装建设的抗震设防烈度，应与安装设备的电信房屋的抗震设防烈度相同。一般情况可采用基本烈度，各类电信房屋设防类别应执行《通信建筑抗震设防分类标准》(YD 5054—2019) 的有关规定。

根据国家标准《通信局（站）防雷与接地工程设计规范》(GB 50689—2011) 的有关规定，移动通信基站的工作接地、保护接地以及建筑物防雷接地应共用一组接地系统，形成联合接地，基站地网工频接地电阻要求不大于10 Ω。移动通信基站的所有室外部分，包括天线、GPS、馈线、走线架及其他设备和走线等，均应在避雷针的45°保护范围之内。直流拉远的电源线应采用屏蔽电缆，电缆屏蔽层应两端接地。远端设备安装侧可通过RRU或者防雷箱实现屏蔽层的接地，机房侧的屏蔽层的接地应在馈窗接地汇流排处实施。当采用外置直流配电防雷箱时，防雷箱的安装位置应使得接地线尽量短。

系统防火要求应执行《邮电建筑防火设计标准》(YD 5002—1994) 有关规定。各局、站应按消防安全要求配置必要的防火告警系统及灭火设备。在选择局、站址时应尽量选择符合防火等级的建筑作通信机房。电信机房的内墙及顶棚装修材料的燃烧性能等级应为A级，地面装修材料的燃烧性能等级不应低于B1级。通信线缆敷设应符合下列规定。

(1) 室内分布系统线缆与其他设施的间距应符合表6.5的规定。

表6.5　线缆与其他设施的间距要求　　单位：mm

其他管线	最小平行净距	最小交叉净距	其他管线	最小平行净距	最小交叉净距
防雷引下线	1 000	300	热力管（不包封）	500	500
保护地线	50	20	热力管（包封）	300	300
给水管	150	20	煤气管	300	20
压缩空气管	150	20			

(2) 室内分布系统线缆与电力电缆的间距应符合表6.6的规定。

表6.6　线缆与电力电缆的间距要求　　单位：mm

类别	与电子信息系统信号线缆接近状况	最小净距
380 V电力电缆容量小于2 kV·A	与信号线缆平行敷设	130
	有一方在接地的金属线槽或钢管中	70
	双方都在接地的金属线槽或钢管中	10
380 V电力电缆容量介于2～5 kV·A	与信号线缆平行敷设	300
	有一方在接地的金属线槽或钢管中	150
	双方都在接地的金属线槽或钢管中	80
380 V电力电缆容量大于5 kV·A	与信号线缆平行敷设	600
	有一方在接地的金属线槽或钢管中	300
	双方都在接地的金属线槽或钢管中	150

6.4　地下覆盖部署策略与5G网络方案比选

6.4.1　地下覆盖建设部署策略

无线通信基站一般有宏基站、微基站、室内分布系统等部署形式。宏基站发射功率大、天线挂高较高、覆盖面广，可支持多载波、多扇区，主要用于室外场景覆盖。相比宏基站，微基站设备发射功率较小，天线挂高较低，网络覆盖范围也较小，但建设形式多样。室内分布系统用于覆盖建筑物内部、楼宇室内及地下道路、地下通道、地下商业、地下车库等地下空间场景，可采用数字化有源室内分布系统（分布式皮基站）、无源分布系统、小站等方式实现多基础电信企业、多系统共建共享。5G室内覆盖在新建重要场景多采用新型有源分布系统覆盖，在隧道场景可采用新型泄漏电缆方式覆盖。

6.4.2 地下空间5G专网建设策略

5G专网网络可以通过三种方式实现。第一种是由建设方使用本地5G频率构建独立专网（国家尚未划分5G本地专网频段），部署独立于移动运营商的全套5G网络设备。第二种是通过共享移动运营商的公共5G网络资源构建私有5G网络，即混合专网。第三种是虚拟专网。针对共享不同的资源，结合共享运营商5G频段（租用频谱）、共享接入网和控制面（混合专网）、共享接入网和核心网（虚拟专网）等方式，形成不同组网模式，如图6.2所示。

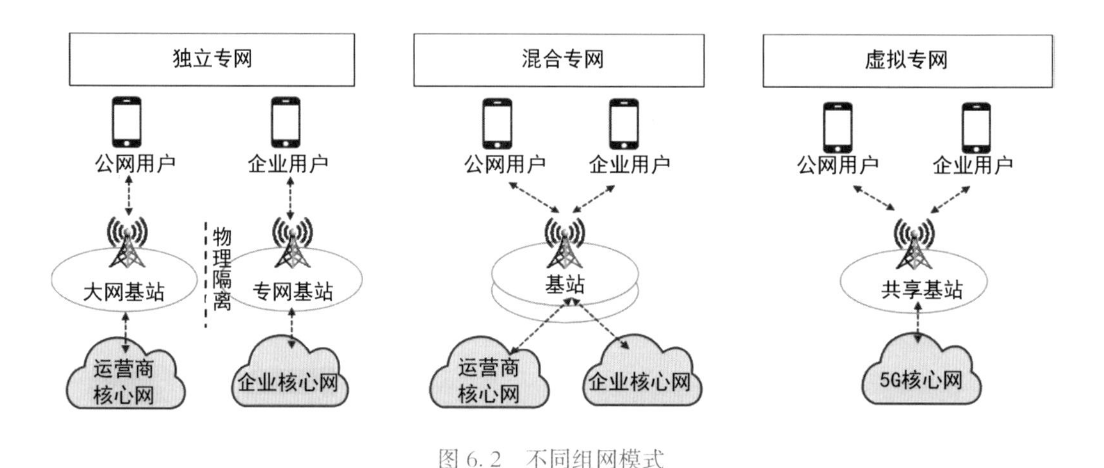

图6.2 不同组网模式

独立专网有以下主要优点：①专用网络与公用网络物理上分离，提供完整的数据安全性，保障数据不出园；②覆盖效果完全定制化；③独享用户数据及商业价值；④设备和应用程序服务器均在本地，实现超低时延；⑤设备故障排除及时，高效运维。主要缺点是：①部署成本高，建设方需要自费购买和部署全套5G网络设备；②建设方自身需要有专业的维护人员（或委托专业人员维护）。适用于局域封闭区域，包括矿井、油田、核电、高精制造、监狱和军队等。

混合专网有以下优点：①能解决缺少本地专网频段的问题，但对于部署成本高的问题仍难以解决；②混合专网可以解决部署成本高的问题并由运营商进行维护；③可以保证数据安全性，保障数据不出园；④超低时延等。适用于局域开放园区，包括交通物流/港口码头、高端景区、城市安防和工业制造等。

虚拟专网最经济，部署最快，但数据不独享，网络时延相对也更高一点，适用于有较为确定的业务质量要求和一定程度的数据隔离要求的场景。

三类5G专网组网模式对比分析如表6.7所示。

表6.7　三类5G专网组网模式对比分析

组网方式	5G独立专网	5G混合专网	5G虚拟专网
部署方式	私有部署	混合部署	公有部署
专网数据	不出地下空间内部	不出地下空间内部	出地下空间内部
维护管理	建设方自主	部分自主	运营商主导
建设成本	最高★	一般★★	低★★★
建设周期	长★	一般★★	短★★★
时延	低★★★	低★★★	一般★★
网络安全性	较好★★★	一般★★	与运营商网络安全能力相关★
5G覆盖效果	高度定制★★★	覆盖优化★★	运营商主导★
扩建扩容	建设方自主★★★	部分自主★★	运营商主导★

综合横沥岛尖地下空间的需求以及5G网络的部署情况，建议优先采用建设方租用服务，选择混合专网的组网方式，共享接入网和控制面，单独建设企业用户面。其次建议采用虚拟专网，最后采用自建独立专网。

6.4.3　地下空间5G覆盖方案比选

根据横沥岛尖地下空间的需求特点及主流设备厂商的设备特点，推荐3种5G建设组网方案。

(1) 方案一：4T4R分布式皮基站。

该组网方案造价较高，主要应用于人流密度较大、对网络容量需求较大的场景，如地下商业的餐饮、娱乐集中、少儿培训聚集区域，以及人流量较大的地下人行通道等场景。也用于有特殊应用需求的场景。

该方案主要包括基站主设备BBU、集线器单元RHUB和射频远端单元pRRU。BBU与RHUB之间采用光纤连接，RHUB与pRRU之间采用网线连接，pRRU一般采用内置天线。该方案中，BBU通常安装在基站机房内，RHUB安装在远端弱电间，RHUB连接pRRU一般不超过200 m，单pRRU覆盖范围一般为500～800 m^2。组网形式如图6.3所示。

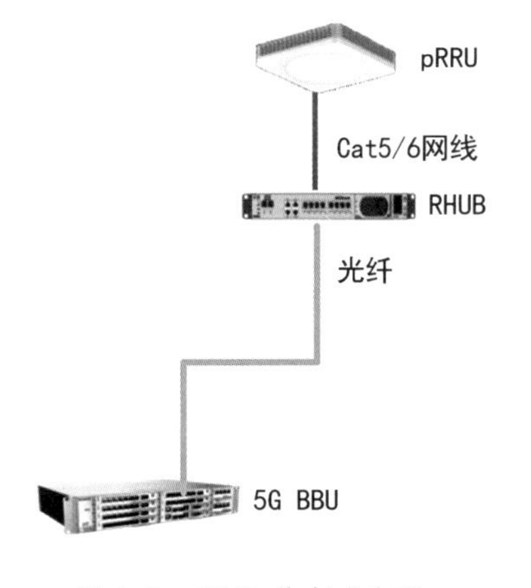

图6.3　4T4R分布式皮基站组网接线

(2) 方案二：2T2R分布式皮基站。

该组网相较方案一造价低，主要应用于人流密度较小、对网络容量需求较小的场景，如地下商业的普通购物商铺、物业办公、人流量较小的地下人行通道及地下车库等场景。

该方案主要包括基站主设备 BBU、集线器单元 RHUB 和射频远端单元 pRRU。BBU 与 RHUB 之间采用光纤连接，RHUB 与 pRRU 之间采用网线连接。与方案一的区别在于 pRRU 外接室内天线，单 pRRU 覆盖范围一般为 600～800 m²。组网形式如图 6.4 所示。

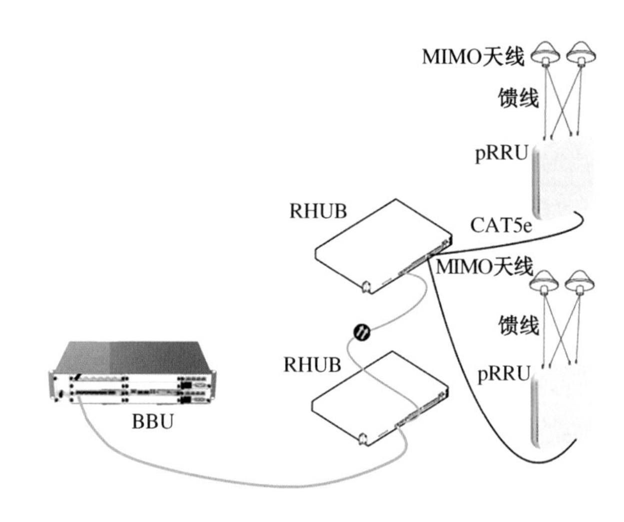

图 6.4　2T2R 分布式皮基站组网接线

(3) 方案三：2T2R 漏缆。

该方案主要用于地下环路、长距离隧道等狭窄长距离地下空间，可提供均匀稳定的信号，保证隧道内网络传输具备较高的可靠性。针对不同的运营商频段，通过 BBU + 射频远端单元 RRU 后接漏缆的方式组网。对于移动 5G 网络，采用 2 根 13/8 漏缆覆盖；对于电信、联通 5G 网络，采用 2 根新型 5/4 漏缆覆盖。组网形式如图 6.5 所示。

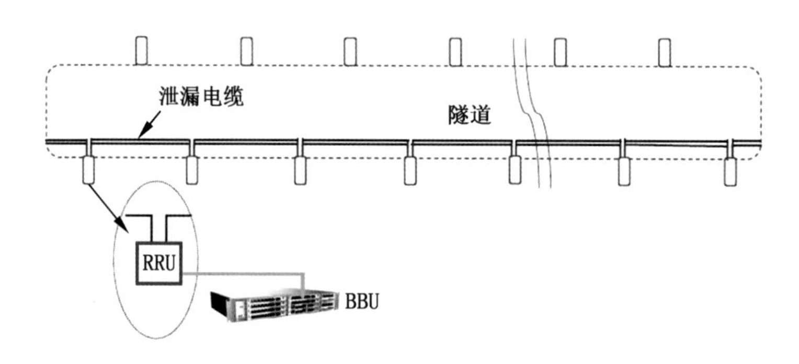

图 6.5　2T2R 漏缆组网接线

考虑隧道内外无线信号的衔接与切换，根据实际情况可在隧道出入口加装板状天线，如图 6. 6 所示。

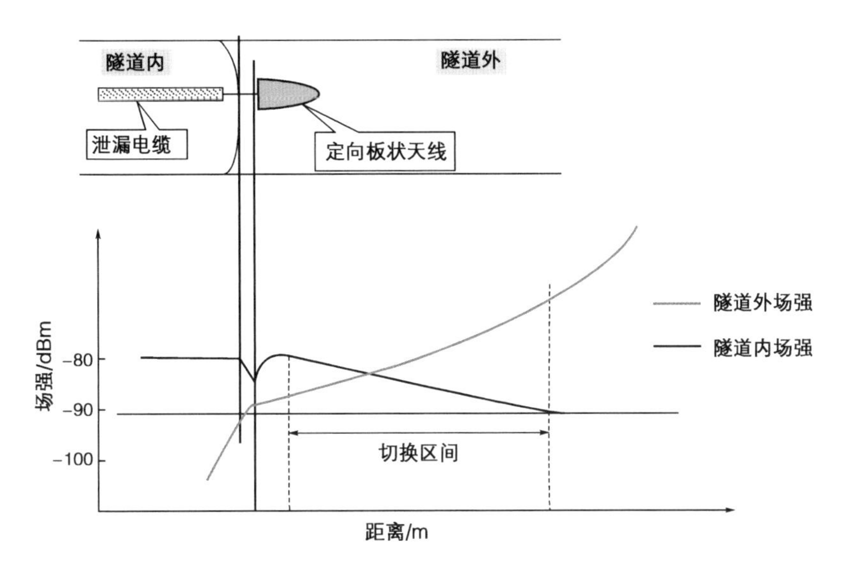

图 6. 6　隧道内外无线信号衔接基站

不推荐的方案：传统无源室分系统。

传统无源室分系统主要由信号源和无源分布系统组成，由信号源 BTS 或 BBU + RRU，经分布系统，通过无源器件和馈线等，将信号源输出合理分配至末端天线。组网形式如图 6. 7 所示。

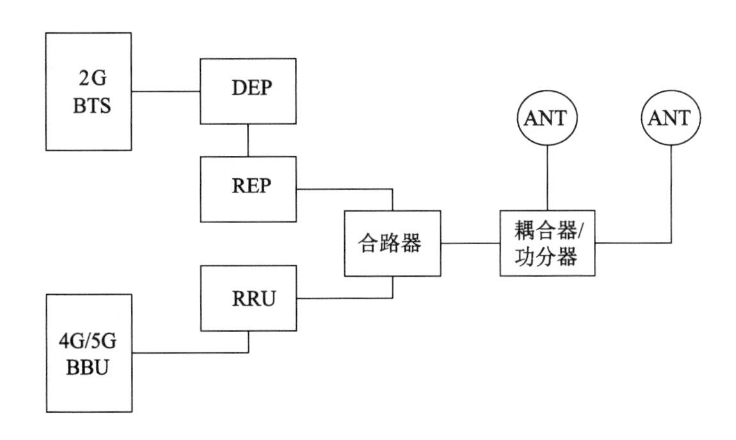

图 6. 7　传统无源室分系统组网

由于 5G 采用高频段组网，无线自由空间损耗较大。采用传统无源室分系统的组网方案时，在 3. 5 GHz 的馈线、器件等传输损耗也较大。并且，无源分布系统在某个节点发生故障时，只能通过工程师逐条支路、逐个部件进行摸排，定位难、整改难，故障恢复时间很长，不具备智能维护的条件，难以保证创新应用对网络的要求。横沥岛尖地下空间作为新建重要场景，不建议采用传统无源室分系统的组网方案。

6.5 南沙横沥岛尖地下空间5G部署规划

南沙区明珠湾起步区横沥岛尖地下工程主要有公共地下空间、地下环路，其中：地下空间总开发规模约 12 万 m^2；地下环路总长约 6.03 km（主线约 2.66 km，辅线约 2.05 km，匝道约 1.32 km）。地下环路与跨江隧道、地下车库、地面道路构成了未来南沙核心区极具特色的“四位一体”立体交通体系。

6.5.1 横沥岛尖地下空间5G专网部署建议方案

综合横沥岛尖地下空间智慧应用的需求以及5G网络的部署情况，建议采用建设方租用服务，选择混合专网的组网方式，共享接入网和控制面，单独建设企业用户面。专网部署方案如图6.8所示。

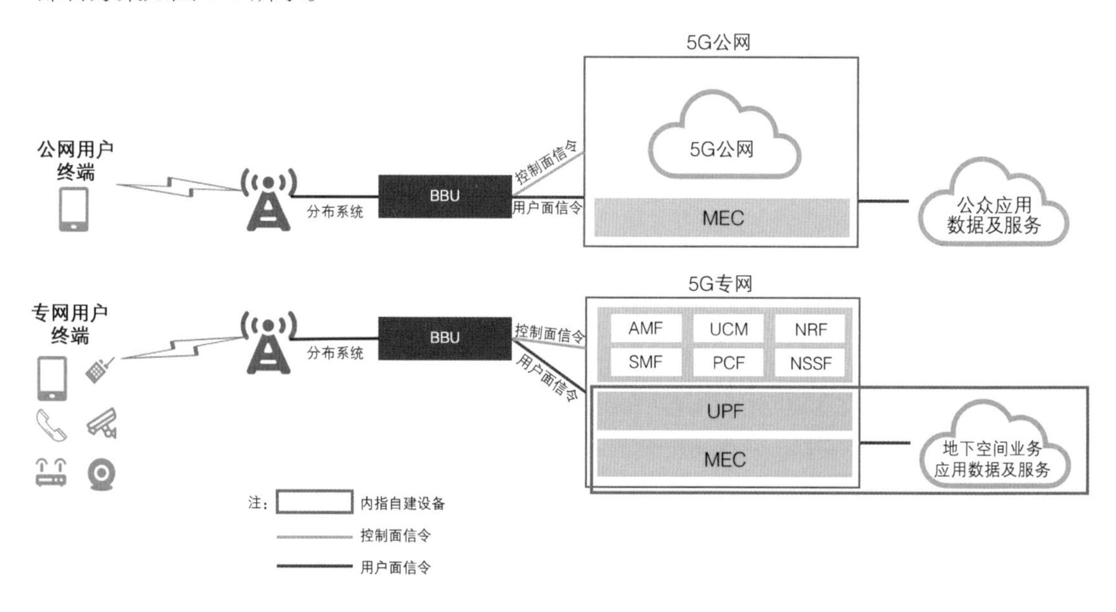

图6.8 混合组网模式原理

建议地下空间建设方租用运营商提供的5G专网服务。由运营商建设5G专网，负责整体建设运行维护等工作，专职维护队伍驻场服务。权属方、承建方、运维方和运营方归属运营商。地下空间建设方仅需支付5G专网服务租金，无建设成本。

目前，国内尚无成熟的5G专网服务租金的收取标准作为参考。运营商建设策略采用“一事一议”方式，需要根据地下空间实际建设情况、投资金额等情况决策具体租金方案。

6.5.2 横沥岛尖地下空间5G覆盖建议方案

根据横沥尖岛地下空间的车行、人行系统场景分类，综合场景需求、网络能力、造价等因素，建议根据不同场景采用差异化的覆盖方案。

(1) 地下环路、明珠湾隧道，采用2T2R漏缆的覆盖方案。

该覆盖方案通过BBU+射频远端单元RRU后接漏缆的方式组网（图6.9）。其中，BBU安装在基站机房内，RRU安装在隧道内开断点。对于移动5G网络，采用2根13/8漏缆覆盖；对于电信、联通5G网络，采用2根新型5/4漏缆覆盖。并可根据实际情况在隧道出入口加装板状天线，达到隧道内外无线信号无缝衔接与切换的要求。

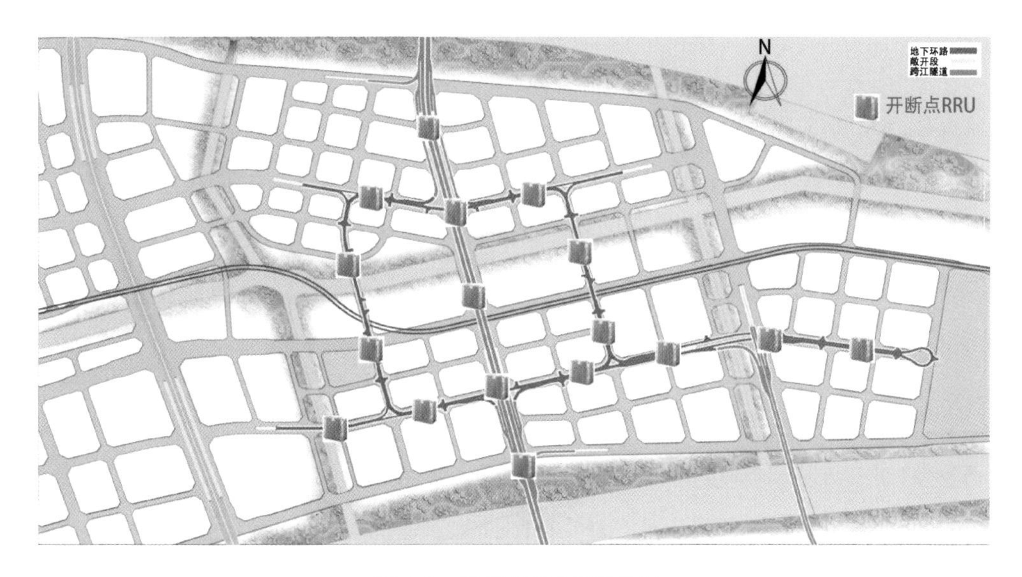

图6.9 隧道RRU布置示意

为满足5G覆盖，移动5G频段较低，漏缆开断距离一般在450 m左右；电信、联通5G频段较高，开断距离一般在400 m左右。考虑远端RRU设备统一集中安装管理，建议统一安排开断点在400 m左右。漏缆应固定在隧道顶部，为避免网络系统间的干扰，漏缆的布放间距应不小于40 cm。

若地下环路、明珠湾隧道的5G网络由铁塔公司统一牵头各运营商共建共享，可采用“RRU+多系统接入平台POI+漏缆”的组网方式，该组网方式参考地铁隧道的开断点一般在300 m左右。

(2) 地下餐饮娱乐聚集区、人流密度较大的人行通道等场景，采用4T4R分布式皮基站覆盖方案（图6.10）。

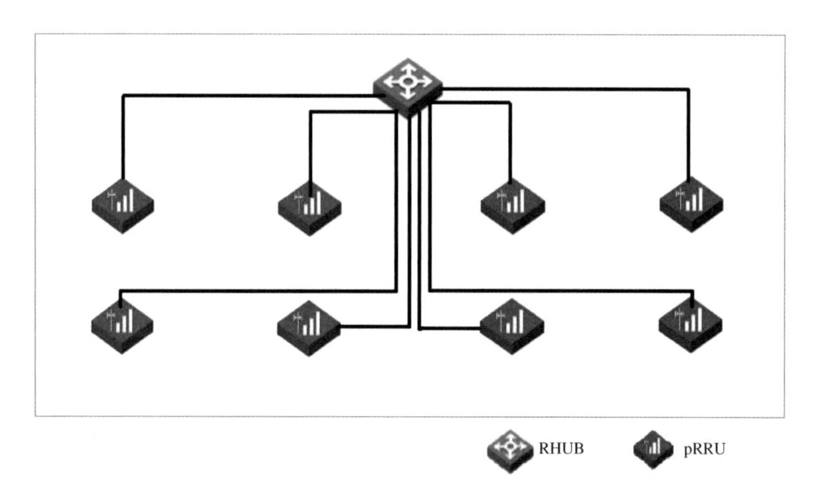

图6.10　4T4R皮基站pRRU布置示意

该覆盖方案通过BBU+RHUB+pRRU的方式组网。其中，BBU安装在基站机房内，RHUB安装在远端弱电间，pRRU覆盖间距15～20 m。

(3) 地下普通购物商铺、物业办公、人流密度较低的人行通道及地下车库等人场景，采用2T2R分布式皮基站覆盖方案（图6.11）。

该覆盖方案通过BBU+RHUB+pRRU+小型室内天线的方式组网。其中，BBU安装在基站机房，RHUB安装在远端弱电间，pRRU及天线覆盖间距10～15 m。

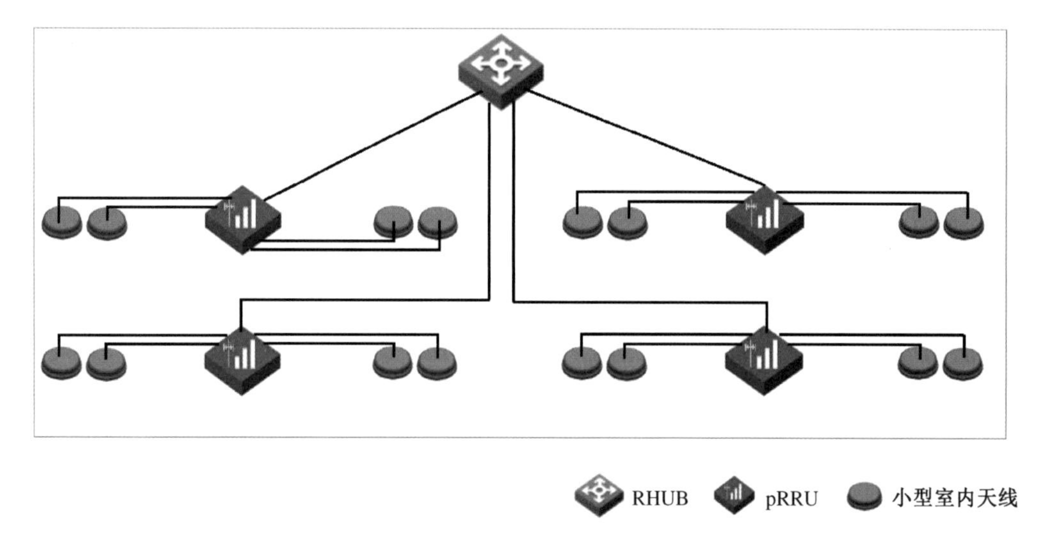

图6.11　2T2R皮基站pRRU及天线布置示意

6.6 本章小结

本章根据广州南沙横沥岛尖地下空间的不同场景及创新应用，研究地下空间 5G 覆盖建设要求和部署策略，并对比 5G 专网建设模式和网络覆盖方案，提出横沥岛尖地下空间 5G 部署建议方案，为 5G 通信基础设施的设计和建设提供依据。5G 技术融合人工智能、大数据等技术应用，可以为地下空间开发建设与运营提供创新技术，为提升地下空间精细化管理水平和保障运营安全提供智慧化创新手段。

7 智慧地下环路工程设计与应用

7.1 概 述

广州南沙横沥岛尖片区地下基础设施一体化开发中，近期先行实施地下环路工程，根据智慧地下基础设施的总体规划研究，进一步围绕地下环路运行的问题和短板，深化地下环路智能化技术，开展应用设计，指导工程建设，提升地下环路运行安全和效率。具体包括开展地上地下一体化智慧交通引导、智慧交通管控、地下智慧防灾和地下结构健康监测等创新技术应用，与传统机电工程融合，与工程土建同步建设。

7.2 智慧交通引导技术与设计应用

7.2.1 片区地下定位需求分析

1. 地下车行定位需求分析

地下道路对车辆定位需求主要集中在出隧道口的距离提醒、分流出口预告引导、地块停车诱导以及智能辅助驾驶等方面。

(1) 出隧道口的距离提醒。

长时间在地下道路中行驶容易造成驾驶疲劳，驾驶人需要知道出洞口的距离，为缓解驾驶人的焦虑等，应间隔提醒告知驾驶人所在位置与出隧道洞口的距离。

(2) 分流出口预告引导。

通过定位导航服务，驾驶人可以在手机端提前了解实时位置与下一个出口的距离，便于提前变换车道，顺利驶出主路。驾驶人能够及时获取当前所处位置，结合地下道路的总体走向以及出入口分布状况，进行驾驶路径规划和导航，增强驾驶人在地下行驶的寻路能力。

(3) 地块停车诱导。

地下车库联络道通常连接较多地块车库，车库多、出入口多，且位于地下，交通引导复杂。融合车辆的实时定位与当前的停车场空位信息，并提供最佳路径规划和引导，避免迷路、绕路。

(4) 智能辅助驾驶。

支撑各自动化程度的自动驾驶和辅助智能驾驶，如在地下道路弯道等危险路段起到交通状况预警作用，使驾驶人在进入弯道前就能了解到前方车道的车辆行驶信息，减速避免追尾等事故发生。在分合流出入口等复杂路段，有助于及时分流引导车辆，提高行车安全。

与传统室内人行的定位需求和技术要求相比，地下车行定位主要技术挑战如下：

(1) 地下道路定位主要解决车行定位导航问题，地下道路内车辆运行速度高，运行速度在 20～100 km/h，需要解决高速情况下定位信号丢失、定位精度降低、时延影响增大等技术问题。

(2) 地下道路交通流量大、特征复杂、干扰多以及交通拥堵等。

(3) 需要以现有普通智能手机终端为硬件基础，以现有成熟导航 App 为基础，车辆不安装额外车载设备，能实现地下定位与导航。

(4) 需要实现地下道路内部信号与外部信号频繁切换，保证信号切换速度和定位平滑度。

2. 地下人行定位需求分析

地下人行定位场景主要集中在地下车库和地下商业空间两部分（表 7.1）。停车场对于室内定位的需求，主要集中在闲置车位引导、智能反向寻车、自动代客泊车等方面。商业空间对于室内定位的需求，主要集中在精准商户定位、商品定位、仓储管理等方面。

表 7.1　地下人行定位需求分析

内容	地下车库	商业空间
导航需求	反向寻车、寻找电梯口等	寻找商家位置、基于位置信息服务
定位精度	1～3 m	1～10 m
定位时延	1 s	1 s
并发能力	无上限	无上限
对终端的设备要求	基于大众普通智能手机	基于大众普通智能手机

7.2.2　地下定位技术适应性比选

由于 GNSS 信号在地下空间内严重衰减和其具有多径效应，通用基础定位设备（如 GPS）在室内或遮挡严重密集环境中难以实现精准定位，这使得室内定位技术发展备受关注。地下道路定位问题是室内定位特殊场景类型之一。

室内位置解算分为终端侧解算和网络侧解算两种。其中，终端侧解算是指不经过网络传输，终端可直接解析其自身位置，室外以 GNSS 为代表，室内需定位信标发送其坐标位置信息。目前室内定位技术多以网络侧解算为主。

无线定位信号测量主要包括功率测量、时间测量和角度测量。功率测量包括三角定位和指纹定位，时间测量包括 TOA、UTDOA 和 OTDOA，角度测量包括 AoA 和 AoD。

目前主流的室内定位技术主要包括：Wi-Fi 指纹定位、蓝牙信标定位、地磁定位、惯导定位、UWB 定位、视觉定位、蓝牙射频矩阵基站定位以及音频定位。

1. Wi-Fi 指纹定位

由于 Wi-Fi 在家庭、旅馆、咖啡馆、机场、商场等各类大型或小型建筑物内的高度普及，利用 Wi-Fi 指纹定位无需额外部署硬件设备，对于解决室内定位的问题，有成本低、可行性强的特点。Wi-Fi 指纹定位系统将待检测的室内区域进行网格划分，通过收集每个网格内的 Wi-Fi 信号强度信息来建立指纹库。提供定位服务时，根据移动端的实时信号强度，与已输入 Wi-Fi 指纹数据库的网格信息相比对，匹配测算位置信息，其准确性取决于已输入数据库的附近访问点的数量。

2. 蓝牙信标定位

蓝牙定位需要在区域内铺设蓝牙信标，采取三点定位原理，通过 RSSI 值的变化来判断用户距离信标设备的远近。如已知某距离（1 m）的 RSSI 值，那么大于该值则表示距离小于 1 m，小于该值则表示距离大于 1 m。通过部署多个基站，则可以通过与多个基站的相对距离来找到用户位置的大致区域。

3. 地磁定位

地磁技术运用始于对特定室内场所地磁数据的采集。定位时，通过手机端普遍集成的地磁传感器去收集室内的磁场数据，辨认室内环境中不同位置的磁场特征，从而匹配用户在空间中的相对位置。

4. 惯导定位

惯性导航系统（Inertial Navigation System，INS）也称作惯性参考系统，是不依赖外部信息，也不向外部辐射能量（如无线电导航那样）的自主式导航系统。

该系统导航信息由于经过积分而产生，定位误差随时间而增大，长期精度差；每次使用之前需要较长的初始对准时间；无法适应多出入口且间距较短的环路场景；无法适用交通状况较为复杂的场景，如拥堵、车辆停止行驶等状况。

5. UWB 定位

超宽带（UWB）定位技术利用事先布置好的已知位置的锚节点和桥节点，与新加入的盲节点进行通信，并利用 TDOA 定位算法，通过测量不同基站与移动终端的传输时延差来定位。

6. 视觉定位

视觉定位系统可以分为两类，一类是通过移动的传感器（如摄像头）采集图像确定该传感器的位置，另一类是通过固定位置的传感器确定图像中待测目标的位置。根据参考点选择不同又可以分为参考三维建筑模型、图像、预部署目标、投影目标，参考其他传感器，以及无参考。

7. 蓝牙射频矩阵基站定位

射频矩阵定位技术通过在隧道内按一定间距部署蓝牙射频矩阵基站的方式，通过与导航 App 或小程序对接，实现基于普通智能手机的地下定位服务。蓝牙射频矩阵基站定位原理如图 7.1 所示，相比普通蓝牙信标定位，其优势主要在于：

(1)“天线阵列切换”自主设计的天线阵列及播发策略，有效地改善了信号播发的稳健性及可靠性。

(2)“射频传输信道感知技术”有效地降低了室内复杂且恶劣的信道环境对距离估计的影响。

(3)“自适应多模组距离估计”有效地消除、降低了智能手机、智能终端设备接收的差异性。全方位提高了距离估计的精度和稳健性。

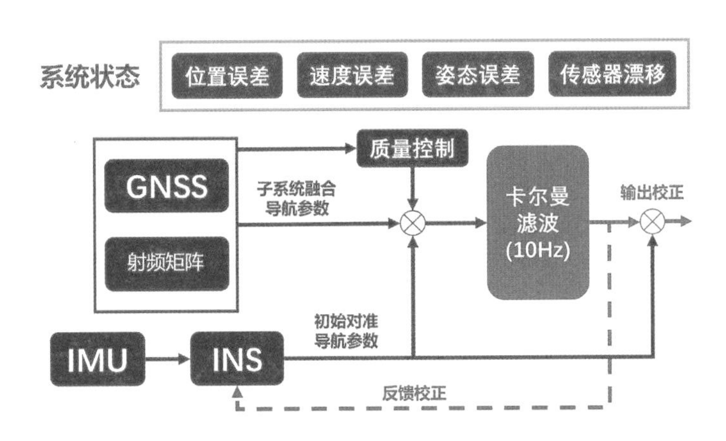

图 7.1 蓝牙射频矩阵基站定位原理

8. 音频定位

声波发射基站发射包括可听波段和超声波段声音信号，信号功率大小根据工作场景要求调节，一般可达 40～50 m 的有效工作距离（图 7.2）。

声波信号经过专门的信号处理算法实现编解码，以达到高精度测量要求，测距精度优于 20 cm。

在典型的室内环境下，音频定位有效工作面积超过 30 m×30 m。经过自主严格测试，有效工作距离和精度均能达到设计指标，即超过 40～50 m 距离和优于 20 cm 测距精度。

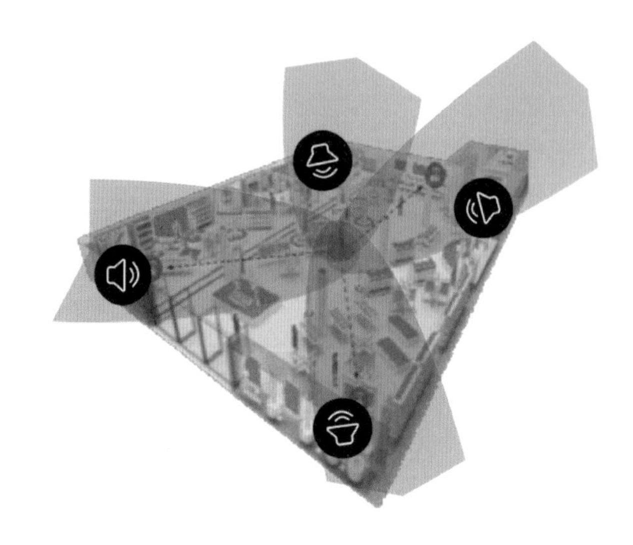

图 7.2　音频定位

常见室内定位技术主要特点分析见表 7.2。对比不同定位导航技术的速度适应性、精度、终端要求、技术成熟度情况，蓝牙射频矩阵基站技术、音频定位基站分别在高速车行定位场景、低速人行定位场景下具有较明显的技术优势。

表 7.2　常见室内定位技术汇总与适应性分析

定位技术	定位精度	覆盖范围	技术成熟度	适合场景	是否适合车行（隧道）	是否适合车行（环路）	是否适合车行（车库）	地下车库（人）	地下空间（人）
惯导定位	1%	10～100 m	成熟	短隧道无内部出入口	否	否	否	—	—
蓝牙信标定位	2～10 m（<15 km/h）	1～20 m	成熟	室内人行、车行（<15 km/h）	否	否	是	是	是
UWB 定位	cm～m	1～50 m	成熟	额外终端设备	否	否	否	否	否
Wi-Fi 指纹定位	m	20～50 m	成熟	室内人行	否	否	否	否	是
地磁定位	m	1～10 m	成熟	不需要额外设备	否	否	是	是	是
蓝牙射频矩阵基站定位	1～10 m（80 km/h）	30 m	相对成熟	不同车速（0～80 km/h）无需额外终端设备	是	是	是	是	否
音频定位	0.2～0.5 m	40～50 m	相对成熟	室内人行	—	—	否	是	是
视觉定位	0～30 m	视频范围 100 m	概念	车行定位	理论可行	理论可行	理论可行	理论可行	理论可行

7.2.3　车行定位与导航技术方案

1. 总体方案

通过地下道路内部安装射频矩阵定位基站来提供定位信号，结合集成室内外引擎大众导航应用 App，弥补了地下道路环境中精准定位空缺的问题。总体方案如图 7.3 所示。

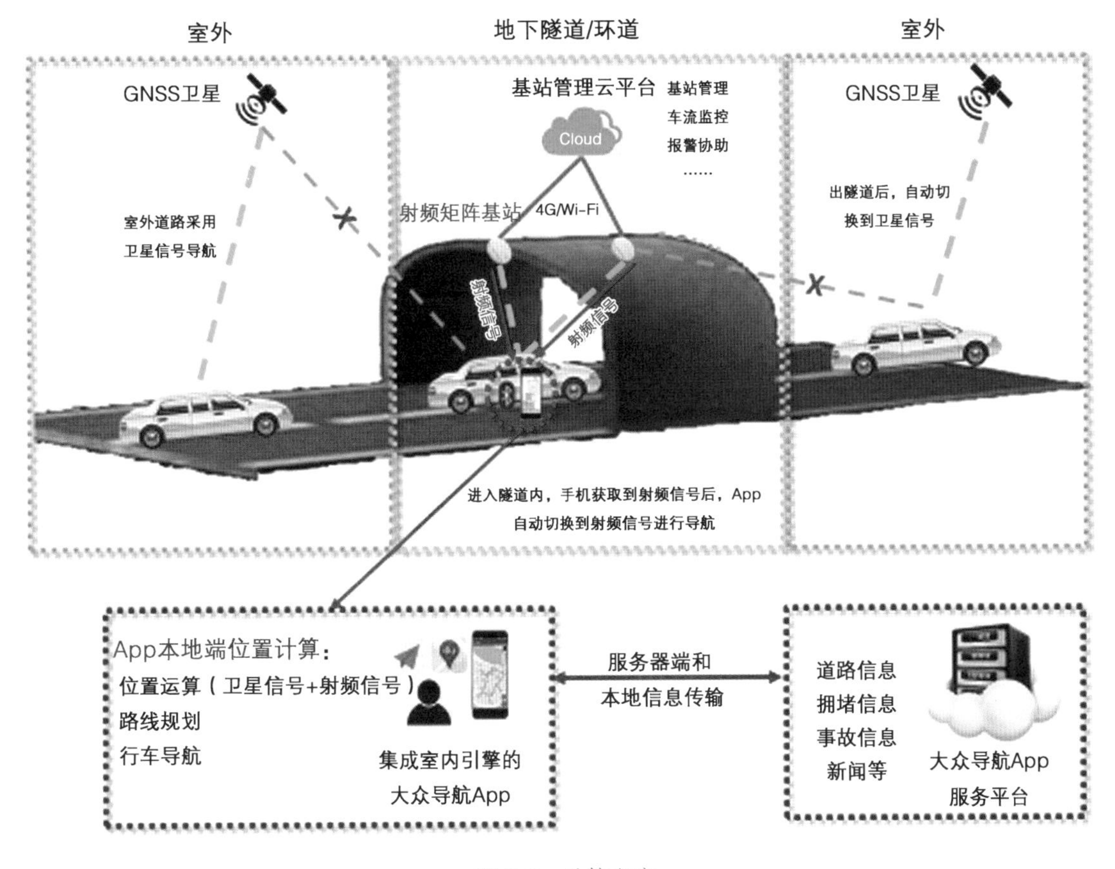

图 7.3　总体方案

(1) 车辆驶入地下道路后，手机捕获到地下道路内部射频信号，手机导航 App 软件自动判断车辆进入地下环境，将定位信号从卫星信号切换至射频信号。

(2) 地下道路内部的射频矩阵基站单向发射信号，智能手机通过蓝牙接收到信号后，由手机导航 App 软件加以处理并计算实时车辆位置，进一步形成路线规划、行车导航等。

(3) 射频矩阵基站通过 Wi-Fi 或 4G 信号与基站管理云服务平台连接，上传基站设备状态信息及车流信息等数据，为运营管理提供数据支撑。

2. 软件导航端的技术途径

从实现地下定位到用户端的导航应用全过程（图 7.4），需解决两个关键问题：

（1）地下环境内车辆的位置计算，可通过上述射频矩阵基站实现，通过计算与多个蓝牙基站的距离，实现用户位置的计算。

（2）用户端导航可通过主流导航软件（百度、高德等）或自建小程序（如区域停车小程序）实现。

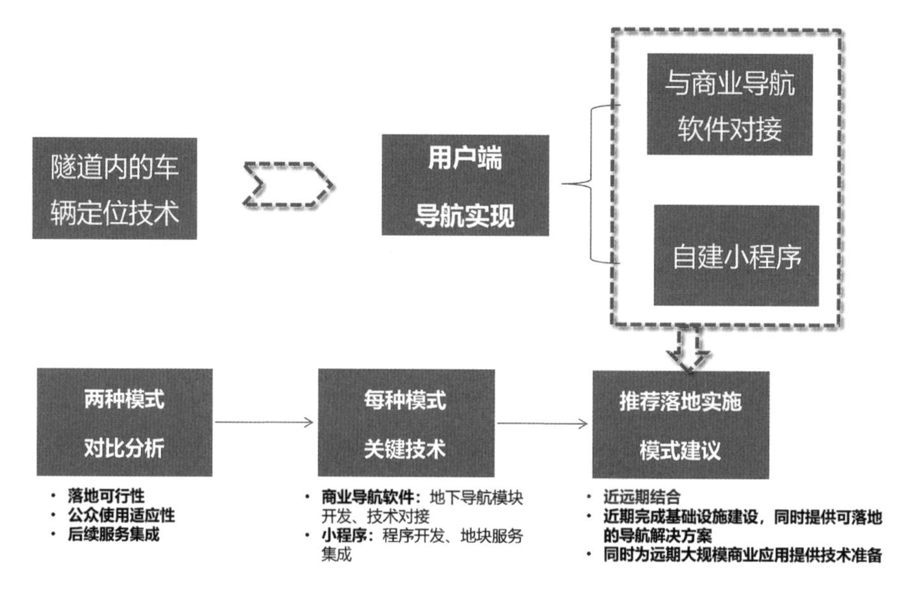

图 7.4 实现软件导航的技术路线

模式 1：与高德等主流定位导航软件结合。将主流导航软件（百度、高德等）作为导航载体，可以实现一站式导航、地上地下无缝衔接，用户无须切换导航终端。用户操作步骤如下（图 7.5）。

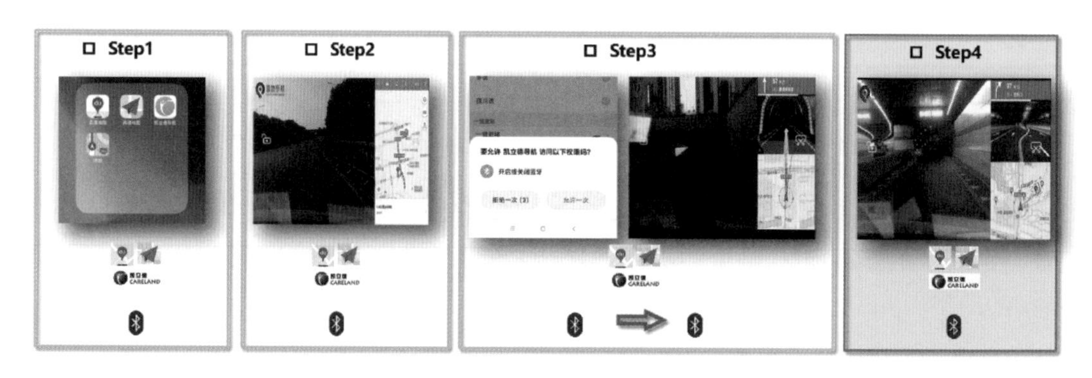

图 7.5 用户模式 1 操作流程

第一步：点击打开通用导航 App；

第二步：输入导航目的地，开始导航；

第三步：即将进入隧道，提示打开蓝牙；

第四步：进入地下导航模式。

模式 2：自建小程序实现用户端导航服务。通过与区域自建停车小程序等结合，可以最大化利用业主现有服务应用，如公众号、小程序、App 等，较好地集成区域停车服务，开发周期短，无需与主流地图商协调。用户操作步骤如下（图 7.6）。

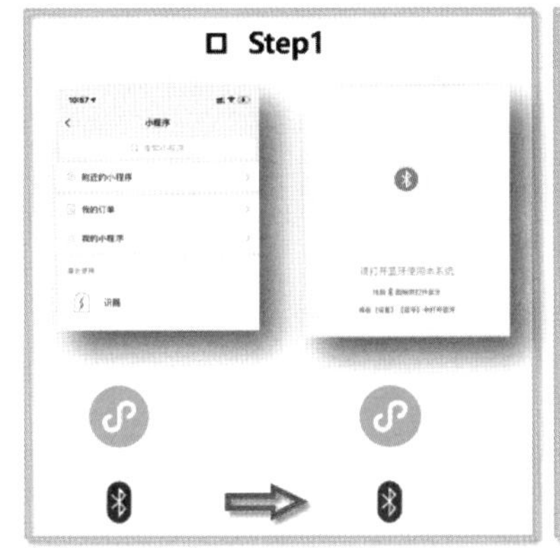

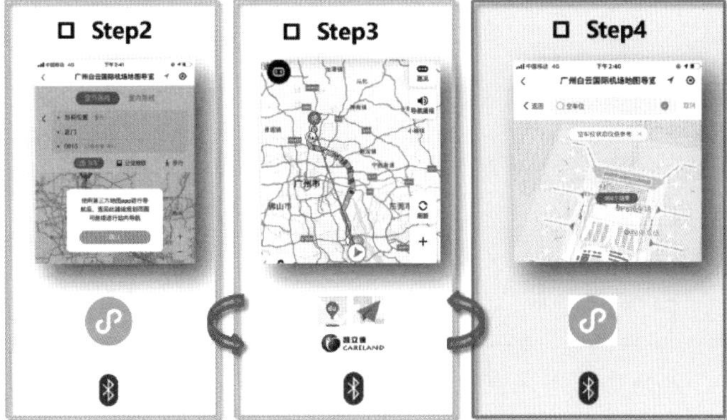

图 7.6　用户模式 2 操作流程

第一步：点击打开小程序，提示打开蓝牙；

第二步：输入导航目的地；

第三步：切换至通用导航 App 进行室外导航；

第四步：切换回小程序进行室内导航。

3. 系统平台架构设计

系统架构分为功能应用层、平台服务层及数据感知层（图 7.7）。数据感知层采用射频测距、蓝牙测角等多种定位技术，通过多源融合定位算法及高精度地图将定位结果呈现给用户，提供地上地下一体化行车导航服务。

4. 系统功能要求

系统通过安装射频矩阵基站，利用蓝牙等信号提供定位导航服务，支持普通手机。导航精度优于 GPS/BDS，延时小于 1 s，支持速度 40～80 km/h。同时，低功耗蓝牙微基站理论上无定位用户数量规模的限制。

适用于长大隧道、地下环路等场景，提供地上地下无缝衔接行车导航和路线规划服

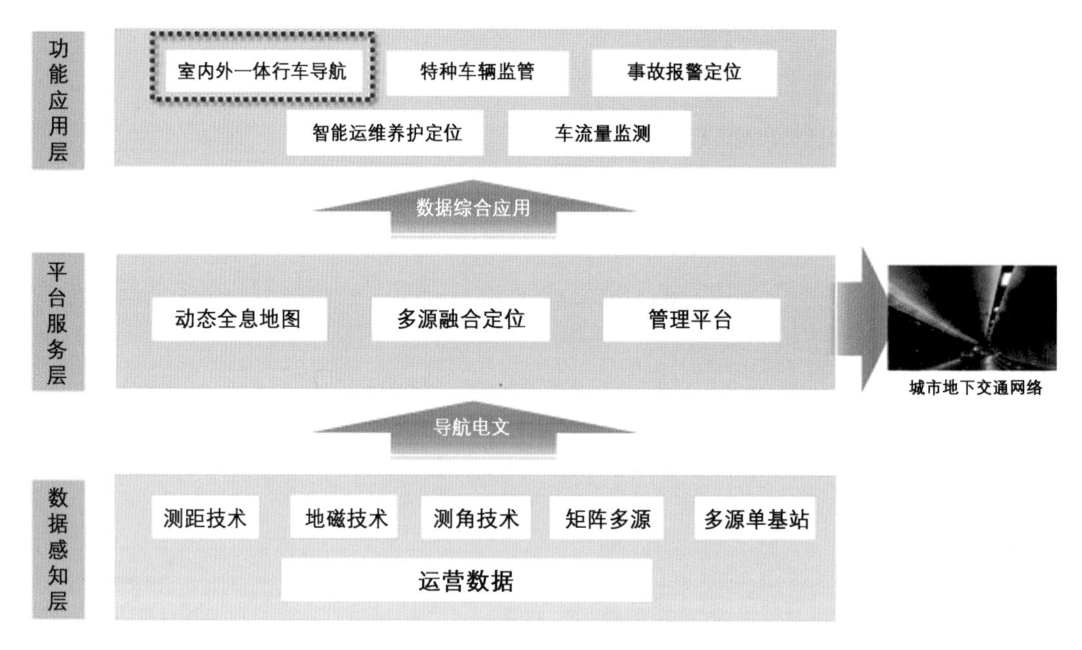

图 7.7　系统平台架构

务。未来功能可以进一步拓展，基于配套管理平台可实现特种车辆监管、实时报警、智能运维、交通流事件监测等应用功能。

5. 硬件部署方案

基站点位布置原则：①最大限度考虑信号覆盖范围；②满足设计速度对应的信号连续性要求；③对正常隧道行车无干扰；④便于养护和维护等。

点位布置间距：沿环道中间灯带或风管单路布设间隔 20～40 m。

断面布置和平面布置分别如图 7.8 和图 7.9 所示。

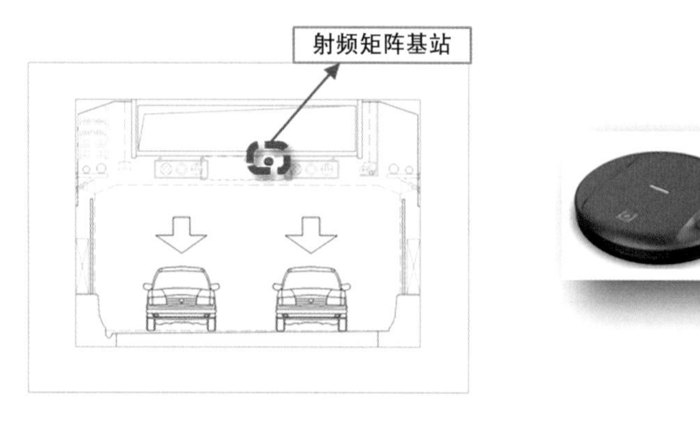

图 7.8　断面布置

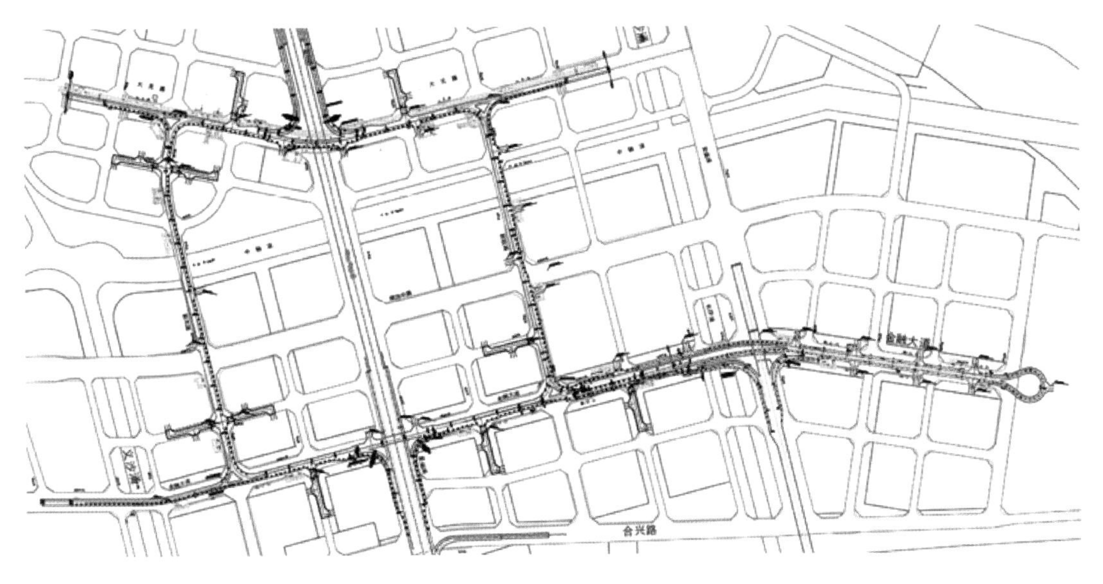

图 7.9 平面布置

(1) 供电方案设计。

每个设备的功率为 1 W，配电工程由电力施工单位按项目要求实施，整套电力工程的供电系统满足基站设备的技术参数，同时满足环道管理处对用电安全的管理规定。从环道内强电间或弱电间取电，走桥架排管布线至对应点位并安装插座。

(2) 网络通信方案。

本系统安装的基站自带 5G/Wi-Fi 模块，可通过运营商网络实现无线网络传输。

高精度地图测绘及制作包括高精度地图数据采集工作：通过专业采集车辆携带全站仪对地下环路内定位基站的特征（形状、大小、空间位置）进行实时采集、处理，以及提供高精度地图的制作加工和数据转换功能。

与第三方导航软件连接：将定位引擎加载至第三方高精度地图商的平台软件中，供驾驶者使用。

7.2.4 人行定位导航方案

通过地下空间内部安装音频定位基站来提供定位信号，通过计算用户终端与多个音频基站之间的距离，计算用户坐标；同时结合集成室内外引擎的室内导航应用 App，完成室内高精度人行定位导航应用。总体方案如图 7.10 所示。

音频定位系统以 4 个基站为一组，按长方形或正方形的布设方式，布设于其 4 个角上。音频基站布设基本原则如下：

(1) 一组基站中，4 个基站之间需互相通视，彼此之间避免有障碍物遮挡。

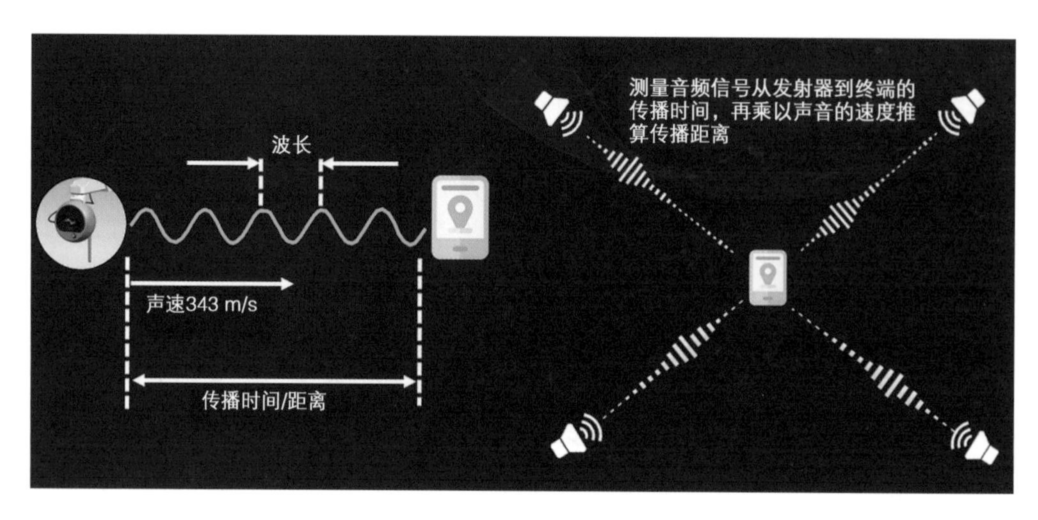

图 7.10　音频基站定位原理

(2) 基站必须外露安装，保证喇叭的方向朝向定位中心区域，且不会有明显遮挡。

(3) 基站安装高度为 2～10 m，不能太低。

(4) 基站安装间隔在 30 m 为佳。

基站安装地点半米左右范围内需要有 220 V 市电插座，音频电源适配器大小为 6 cm×3 cm×3 cm，基站连同支架总长度为 20 cm。

7.3　智慧交通运行管控技术与设计应用

7.3.1　问题和需求研究

结合环路入口、环路内部及地面出口，梳理不同空间维度上环路可能面临的交通管控问题与需求，作为后续交通管控措施及本专题主要解决问题的方向。相关问题梳理如下。

1. 环路入口区域

部分入口区域易发生拥堵，车辆甚至排队溢出隧道，影响地面路网及环路整体通行效率。需考虑如何均衡不同环路入口流量，诱导驾驶人合理选择进入环路路径，避免部分入口长时间拥堵、排队。图 7.11 为环路入口路径选择示意。

2. 环路内部

环路衔接的部分地块车流量较大，地块停车收费等环节易导致车辆进场效率不高、地块入口前车辆排队，甚至影响环路主线通行（图 7.12—图 7.14）。

图 7.11 环路入口路径选择示意

图 7.12 隧道入口排队

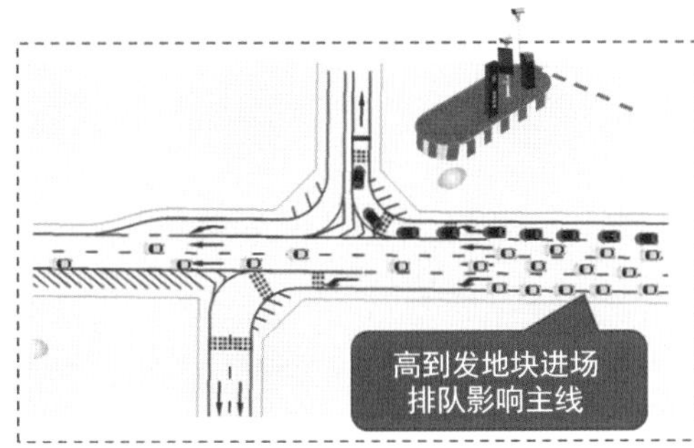

图 7.13 大型地块入口排队影响主线

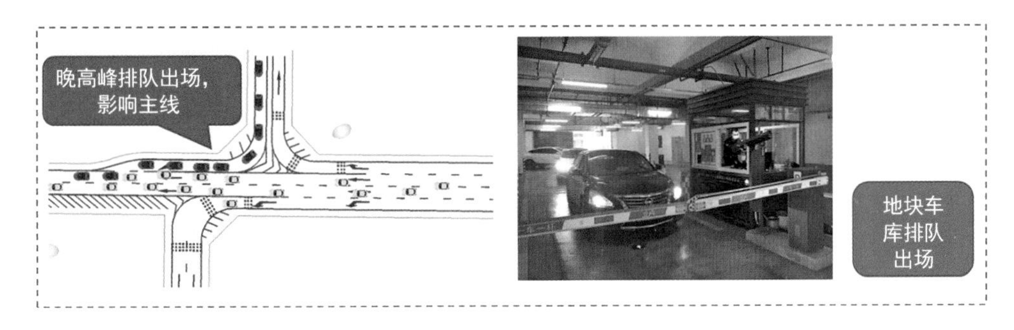

图 7.14 大型地块出口排队影响主线

环路作为网络型地下道路，局部发生拥堵时，如不能及时处置恢复交通，易导致拥堵迅速蔓延，影响路网交通运行效率和安全。

环路内部分合流区域、小半径弯道处等易存在视距不佳、交通流频繁交织等问题，应采取措施降低行车风险（图 7.15）。

3. 环路地面出口区域

当环路出口匝道距离交叉口较近时，出地下环路后向右变道车辆与地面道路向左变道车辆易产生冲突和交织，导致车辆排队甚至蔓延至隧道内部（图 7.16）。

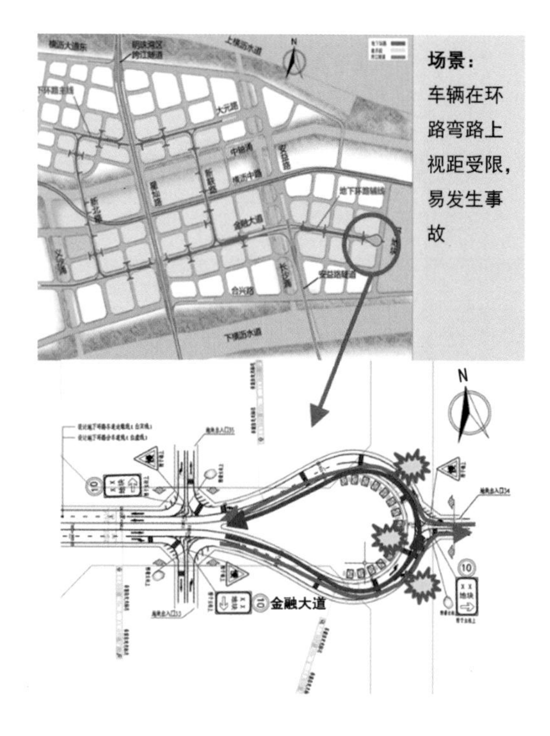

(a) 弯道区域视距受限区域安全问题

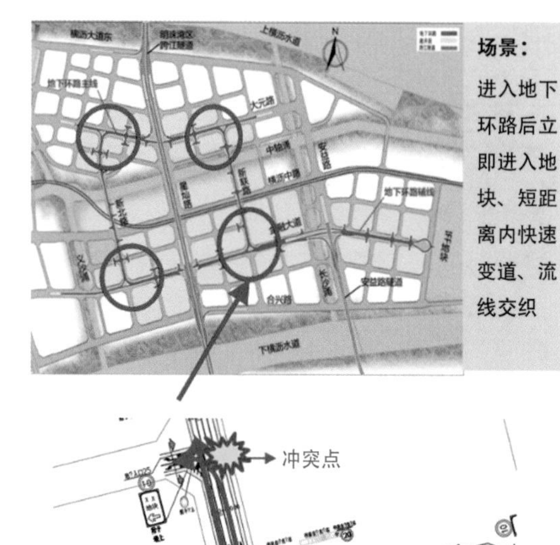

(b) 环路入口与地块出入口过近

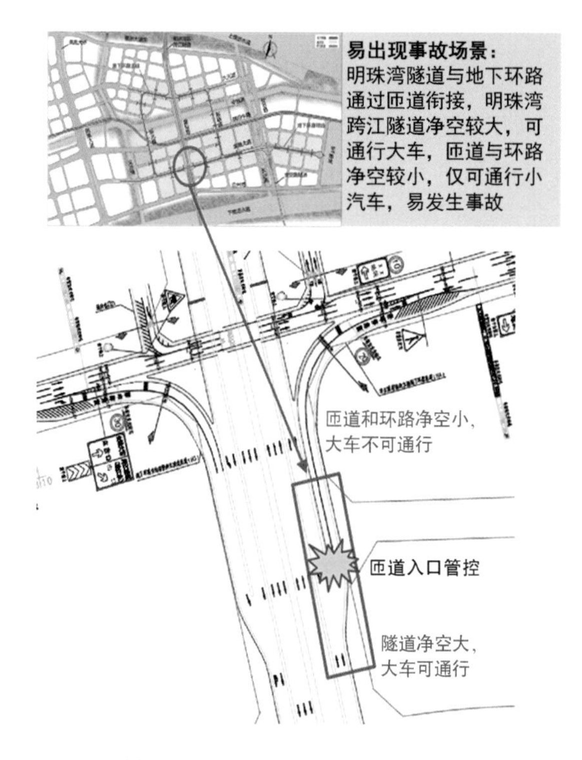

(c) 不同净空标准下的超限车辆管理问题

图 7.15　环路内部重点管控场景

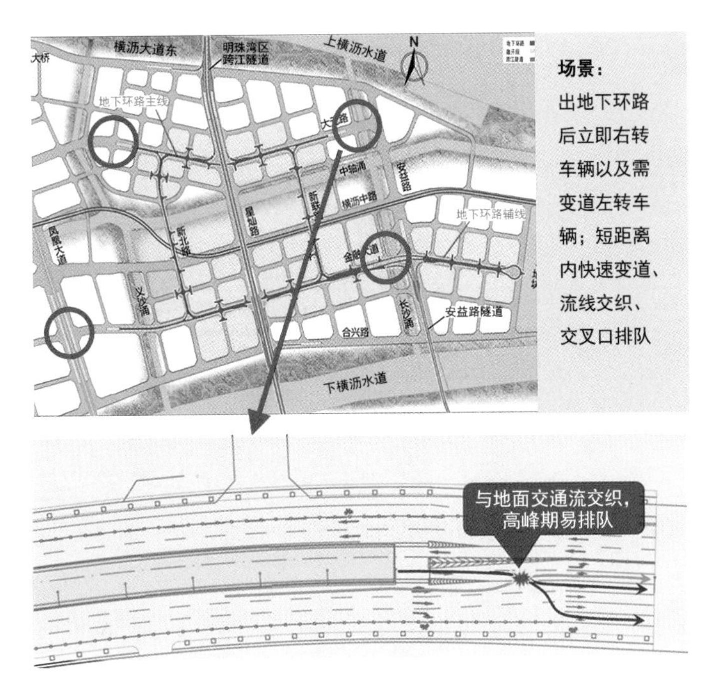

图 7.16 环路出地面冲突示意

7.3.2 总体方案研究

智慧交通引导与管控模块通过整合全线交通流信息，增强地下环路交通事件、交通流态势研判能力，支撑辅助决策，主要建设内容见表 7.3。

表 7.3 智慧交通引导与管控模块主要建设内容

建设内容		布置位置	图例
入口地面路网交通均衡诱导		一级：环路外围骨干道路的关键交叉口	①
		二级：隧道洞口	②
		三级：地块开口	③
地面-地下环路-地块出入口一体化联动控制	场景 1：地块出口控制	所有地块出口	—
	场景 2：地块、匝道一体化控制	2 处，接越江隧道入口匝道（H1、H4）	▽
	场景 3：地下环路洞口控制	4 处入口匝道	▬
重点路段监管	场景 1：弯道交通风险预警	2 处，IFF 辅线弯道处	○
	场景 2：不同净空衔接段的交通监管	2 处，接越江隧道出口匝道（H2、H3）	⊗
地块入口“无杆”停车		30 处地块入口	—
隧道出口与地面交叉口信号灯联动			

智慧交通管控与引导平面布置如图 7.17 所示。

图 7.17 智慧交通管控与引导平面布置

7.3.3 智慧交通管控专题方案设计

1. 地上地下一体化交通诱导系统

地上地下一体化交通诱导系统（图 7.18）是一种面向地下道路及周边地面道路交通出行服务的信息化系统。通过实时采集隧道内、外交通流各项指标参数，监控中心利用微观交通模型，实时评估关键节点拥堵指数，同时将预警、诱导信息和控制指令自动发布于周边路网、隧道入口、内部地块开口的可变信息标志。通过静态交通导航与动态交通导航实现高效交通引导功能，同时为交通管理者提供道路行车数据分析及统计信息、道路异常信息的报警，为指挥调度提供可视化的数据支持，达到有效预防和缓解交通拥堵、实现路网交通流的均衡分配、减少车辆在道路上的行程时间等目的。

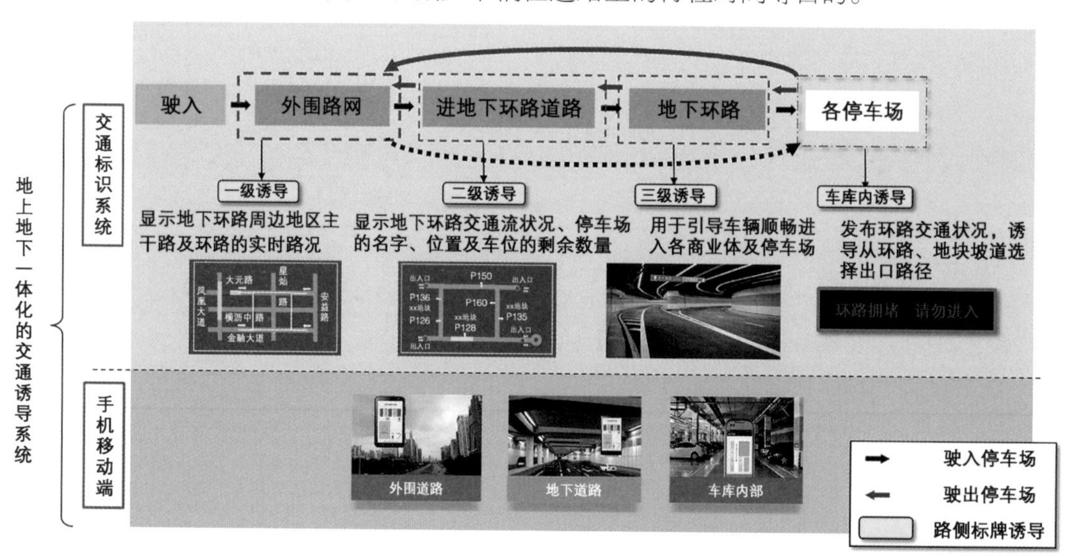

图 7.18 地上地下一体化交通诱导系统

2. 地面-地下环路-地块出入口一体化联动控制

场景1：地块出口控制。

通过联动控制地块出口闸机，并在增设信号灯，实现火灾、管养等情况下，通过闸机临时管制进入环路的交通流，合理调节地块进入环路的交通量（图7.19）。

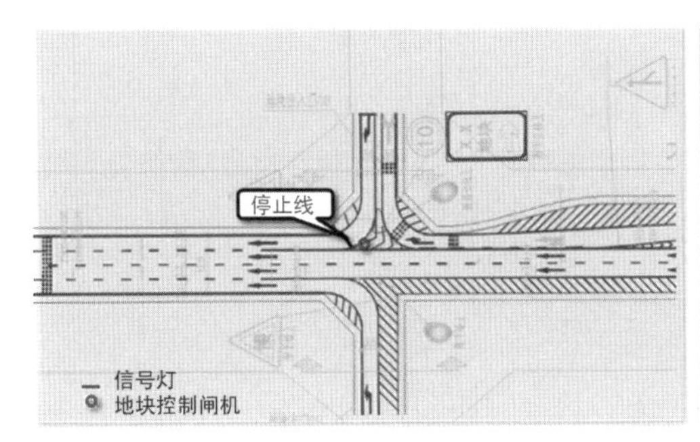

图7.19　地块出口控制示意

场景2：地下环路洞口控制。

通过增设洞口闸机、可变情报板、信号灯、定向声广播、声光报警器等，并在增设信号灯，实现火灾、管养等情况下，通过洞口闸机临时管制进入环路的交通流，防止火灾、水淹、交通严重拥堵情况下，拥堵加剧、造成人员伤亡等（图7.20）。

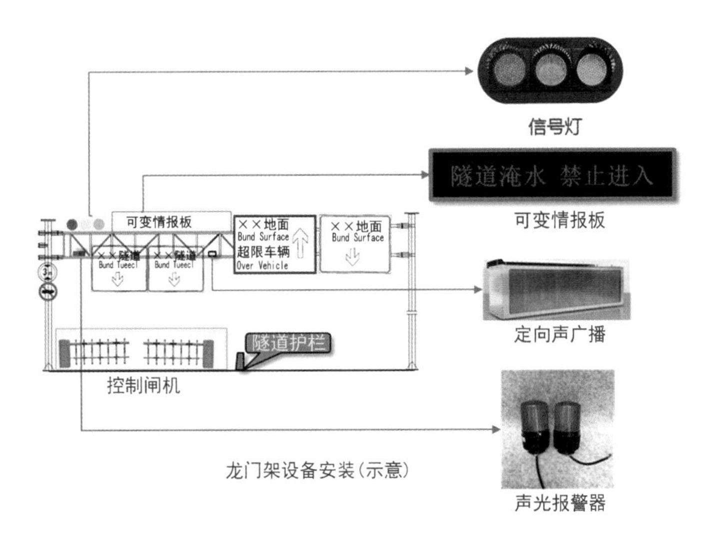

图7.20　洞口控制示意

3. 重点路段监管

场景1：弯道交通风险预警。

通过毫米波雷达检测小半径转弯区域交通事件、拥堵情况，并通过路侧设置的可变情报板对即将进入该区域的车辆进行风险警示（图 7. 21）。

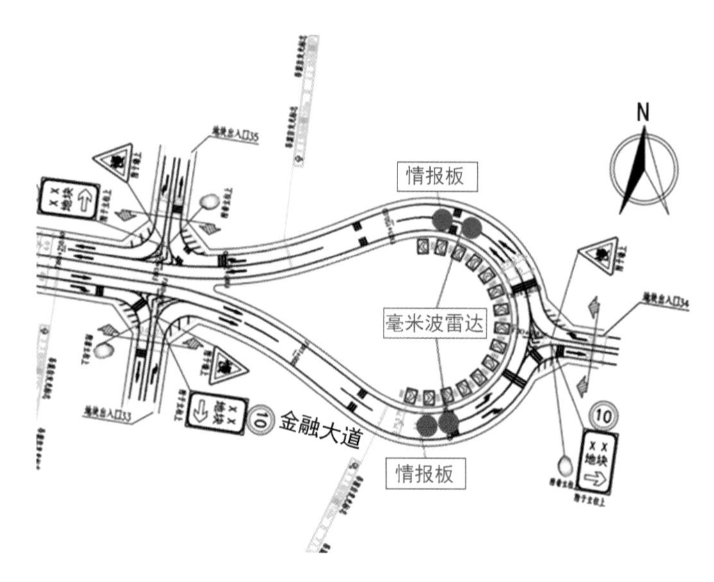

图 7. 21　洞口控制示意

场景 2：不同净高衔接段的交通管控。

提前检测明珠湾越江隧道中拟进入地下环路的车辆高度，警示超高车辆禁止进入环路系统（图 7. 22）。

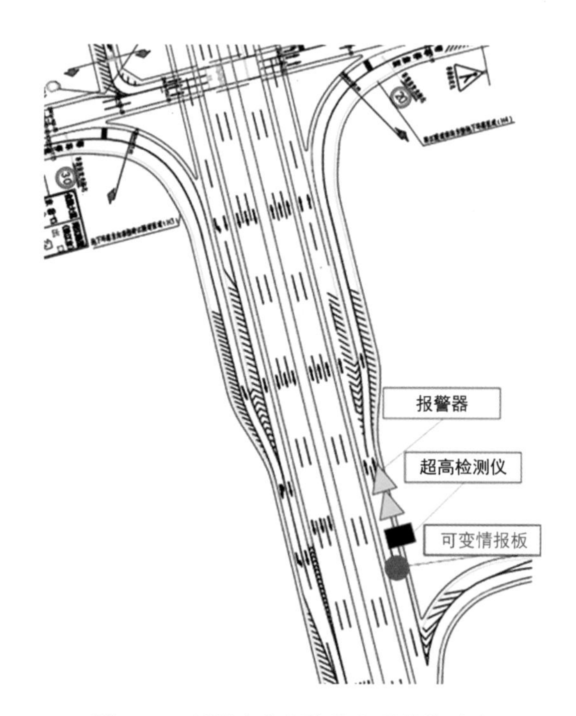

图 7. 22　不同净高衔接段交通管控示意

4. 地下车库“无杆停车”

无杆进入，在地块进出时不停车，即从地下环路进入地块的车辆无需停车，快速通过，可减少因进入地块延误造成的排队拥堵，出地块可设置栏杆停车收费。无杆停车平面布置示意和系统架构分别如图 7. 23、图 7. 24 所示。

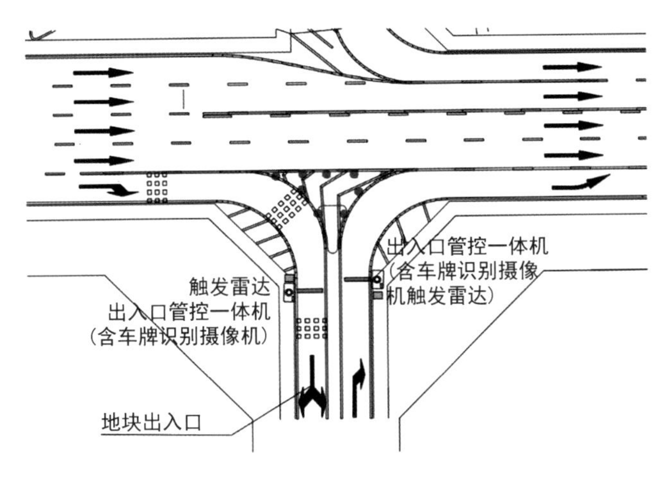

图 7. 23　无杆停车平面布置示意

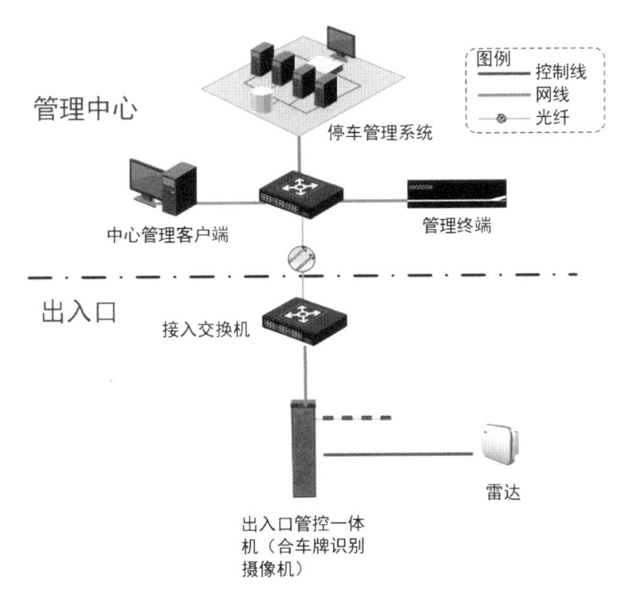

图 7. 24　无杆停车系统架构

5. 隧道出口与地面交叉口信号灯联动

根据匝道接地段、衔接交织段以及进口道排队段各区段的通行能力，充分利用道路时空资源，通过合理的交通控制手段，保证匝道关联路段的高效有序运行（图 7. 25、图 7. 26）。

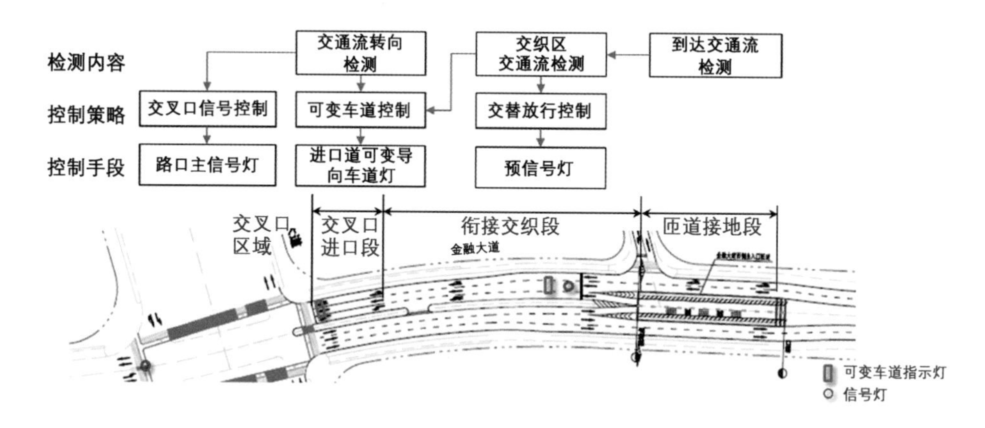

图 7.25　隧道出口与地面交叉口信号灯联动

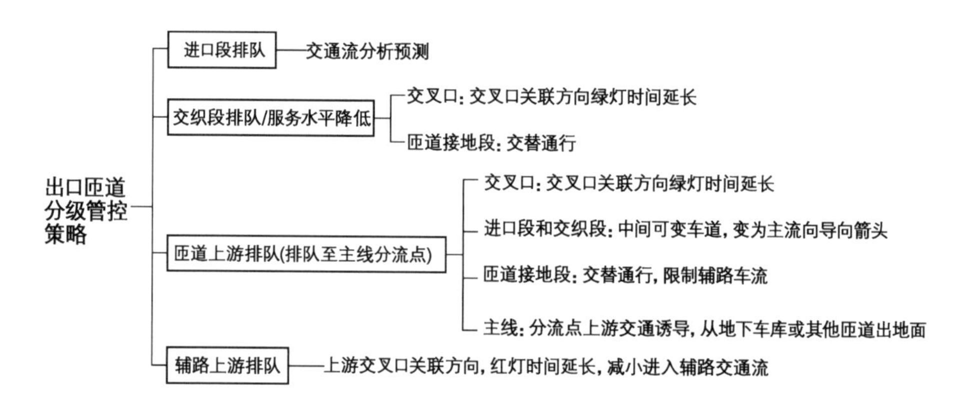

图 7.26　分级管控策略

实现方法如下：

（1）到达交通流检测。在匝道接地段，检测出口匝道和地面辅道的到达交通流，在进口道排队段，检测交通流的转向变化。

（2）交替放行。通过前置信号处匝道与地面辅道的交替放行控制，解决车辆在衔接段的交织干扰。

（3）可变车道控制。通过进口道导向可变车道的设置，解决交叉口转向流量时间分布的不均衡问题。

7.4　地下智慧防灾技术与设计应用

7.4.1　需求分析

城市地下环路内结构比较复杂，其多点进出特点和相对闭合的建筑环境，导致遭遇火灾后烟气易聚集、火灾态势发展迅速。此外，环路内设备较多，消防设备实时运行状态掌握不足；火灾时，报警不及时，漏报、误报频发，能够提供的火情信息有限，烟雾扩散的监控和预测能力不足。因此，一旦发生火灾，给人员逃生以及救援带来了很大困难。

常规隧道火灾处理流程包括火灾监测预警、人员查看确认和启动应急预案。这些环节中存在的问题如图 7.27 所示。

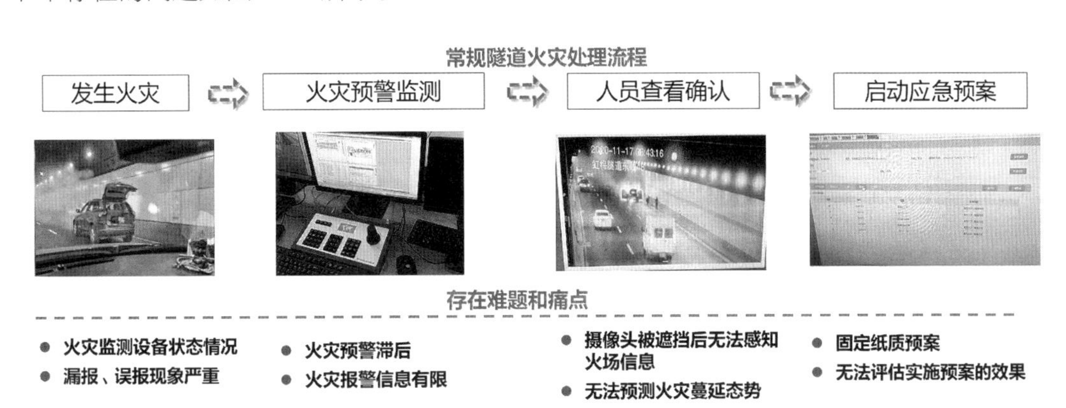

图 7.27　常规隧道火灾处理流程及存在的问题

为了达到有效预防火灾、减轻火灾危害的目的，火灾科学和消防工程发展的重点就是火灾风险评估工作。对于地下环路而言，鉴于防火门关闭情况、消防管理人员巡查频次、人员流动性等风险要素具有不确定性，传统风险评估方法难以适应其动态性。

本研究在隧道现状消防设计的基础上，针对隧道防灾全过程，增加了以下功能作为防灾救援辅助手段：①早期火灾烟雾探测及消防联动控制；②地下道路火灾温度烟气场重构与火灾态势评估预测等智慧防灾功能。

7.4.2　早期烟雾报警及控制系统方案

模块采用固定摄像机（枪机）进行无盲点监控，通过视频识别算法，对视频中发生火光及烟雾事件进行识别与分析，提供报警并与消防系统联动。

一旦发生火情，当烟雾达到一定浓度后通过通信协议发送指令给火灾报警主机；同时输出险情实时视频图像至中央大屏或专用显示屏，锁定烟雾位置；将消防喷淋阀组与摄像头位置进行预先匹配，可供现场值班人员快速开启相应区域喷淋设备，对火情进行早期控制。当视频分析系统发现某个画面出现烟雾并且达到一定浓度时，立即调取该画面至大屏幕中央，并发出提示，同时向消防图形显示工作站发送信号。具体运行步骤如下（图 7.28）。

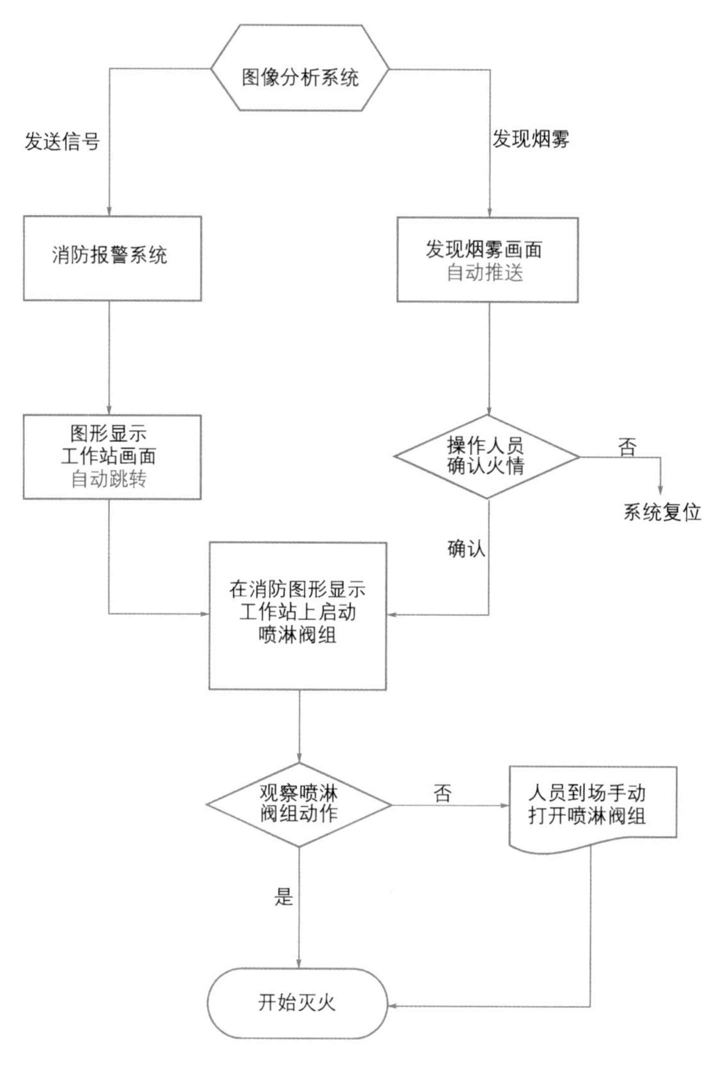

图 7.28　早期烟雾报警流程

(1) 消防图形显示工作站接收到信号后，自动将屏幕显示切换至喷淋阀组集中控制画面待命。

(2) 值班人员通过监控大屏幕画面，确认烟雾位置，观察是否有火情。

(3) 如为火情，根据监视画面判断火情位置，通过输入预设的密码确认，在触摸屏上控制已绑定的消防喷淋阀组启动。

(4) 启动控制指令发出后，值班人员继续观察大屏幕，确认是否有水喷出及灭火情况。

(5) 如监控画面确认喷淋阀组未执行喷水指令，立即通知应急人员赶赴现场，手动启动喷淋阀组。

7.4.3 地下环路火灾温度烟气场重构与火灾态势评估系统

隧道智慧防灾系统支持实时温度显示模块可以支持电脑浏览器和手机浏览器访问。将鼠标移动到温度曲线上，或在手机上点击，可以显示每个传感器测得的实时温度。在电脑浏览器上，用鼠标点击温度分布曲线上的某个数据，还可以弹出对话框，显示该传感器的历史温度数据表。隧道智慧防灾系统通过工作站读取隧道既有防灾设备相关数据，写入系统数据库。隧道动态火灾预警及疏散救援辅助系统从系统数据库获取所需信息。

在开发实施的第一阶段，工作站所在网络为独立网络，不与其他网络连接。到第二阶段时，希望能够将该网络接入其他网络，能够通过网络从综合监控服务器获取风速、CO、VI、交通量、火灾报警等数据，以进行综合分析，为隧道运维、消防救援等提供辅助信息。

隧道智慧防灾系统集成基于南沙地下环路火灾动态预警及疏散救援智能化系统，其主要功能是接收来自光栅数据服务器的隧道实时温度数据，经过处理后将其以图形等方式显示在系统窗口内，如有火灾发生，将显示烟气云图及火灾位置等信息，并提示火灾预案信息，供有关人员参阅。同时，其还通过与环路大数据系统服务器连接，将温度数据写入大数据服务器，并从大数据服务器获得隧道车流量、车速、风机运转情况、CO、VI 及 $PM_{2.5}$ 数据。

该视图中，系统根据隧道防灾设备（光纤光栅传感器监测温度数据），实时调用部署在云平台的基于深度学习的火灾智慧服务算法，实时输出反演火灾场景的关键参数，并实时可视化（图 7.29—图 7.31）。这些信息能够为人员疏散、灭火救援提供重要的辅助。在火灾信息面板中，通过曲线图显示了火灾的热释放率等信息。

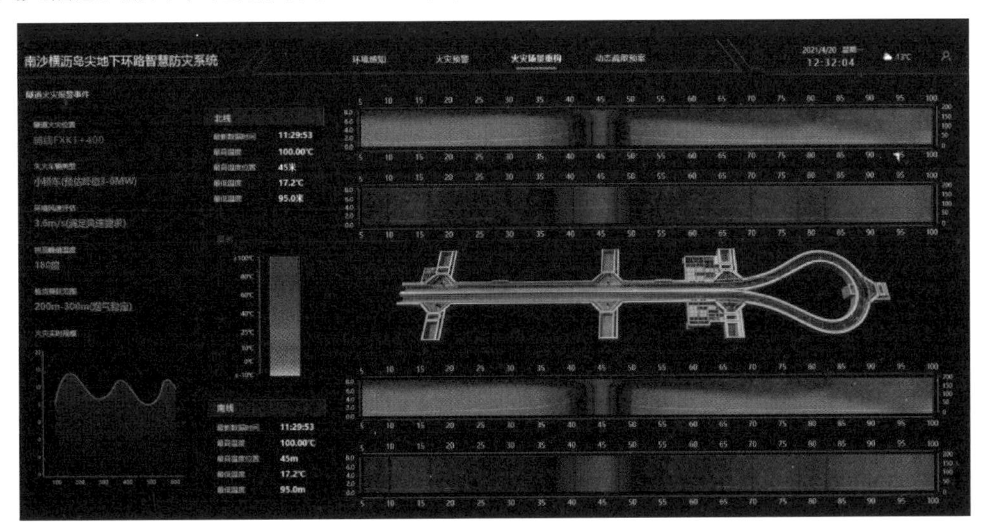

图 7.29 智慧防灾系统火灾场景实时重构

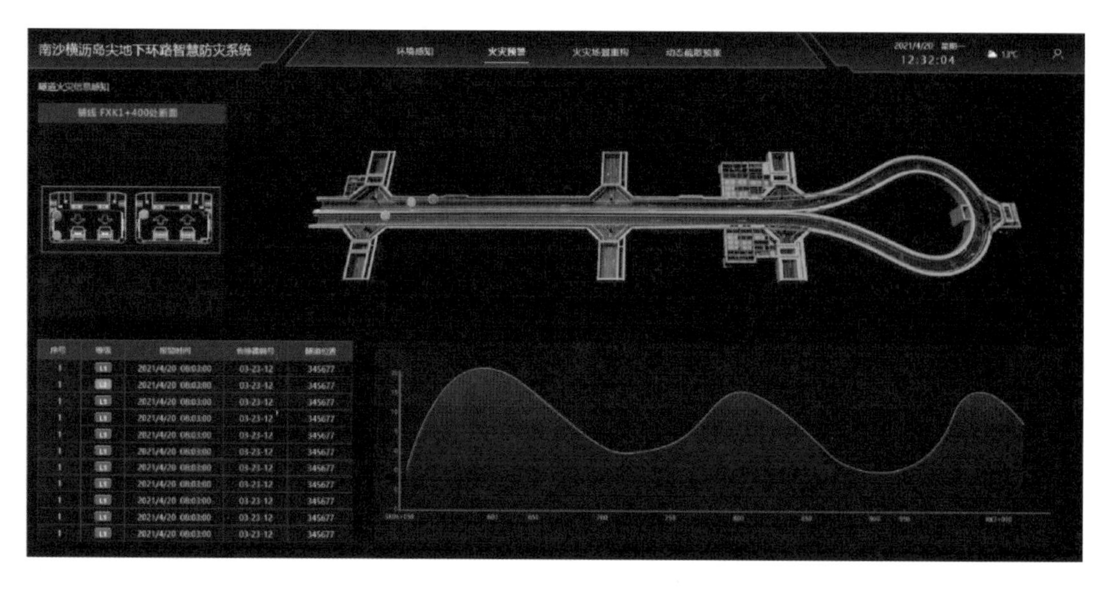

图 7.30　隧道火灾智能监测

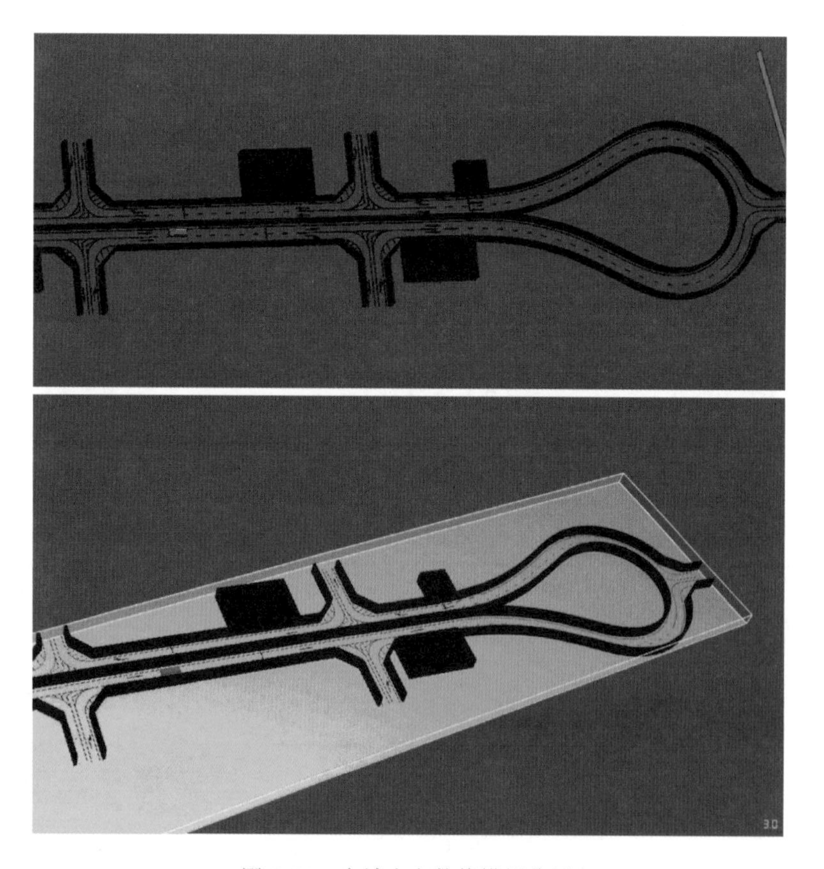

图 7.31　全域火灾数值模拟分析

7.4.4 地下环路应急指挥调度

地下环路的应急指挥能够通过对地下环路运行过程中的突发事件进行快速响应、准确预测、快速预警和高效处置，为地下环路管养中心、各有关部门（消防、公安、交管、城管）、应急管理机构面向地下环路突发事件的预测预警和决策调度提供科学支持。需建设监测预警系统、应急资源调度库、突发事件处置系统、应急辅助决策系统、应急预案和演练系统等。

地下环路的应急调度模块，包括：预案与演练管理，能够支持应急预案的快速检索查询；对各级各类应急预案的综合查询和统计分析；对应急预案内容与流程的数字化管理，实现突发事件发生时对相应应急预案的快速调用；应急演练的方案制定，可视化模拟执行和评估。

事件处置指挥调度方面，包括：提供地下环路火灾、水灾等各类风险和隐患的自动识别、在线评估、实时监控、预警预判功能；提供对各类突发事件的受理派发、业务分流、指挥协调、反馈监督等全过程动态管理功能；推动跨区域、跨系统的协同管理和服务，实现各种问题、风险的及时智能化处置；面向当前各类事故灾害类型，根据当前可用的应急资源，提供优化资源匹配的辅助决策建议；支持指挥调度信息的一键快速分发、应急资源跟踪定位、任务跟踪反馈、区域视频监控调用、事件时间轴等功能，强化前后方指挥调度通信保障和任务全过程可视化管理。

如图 7. 32 所示是地下环路典型的应急响应流程。地下环路的监测设备，如摄像头、

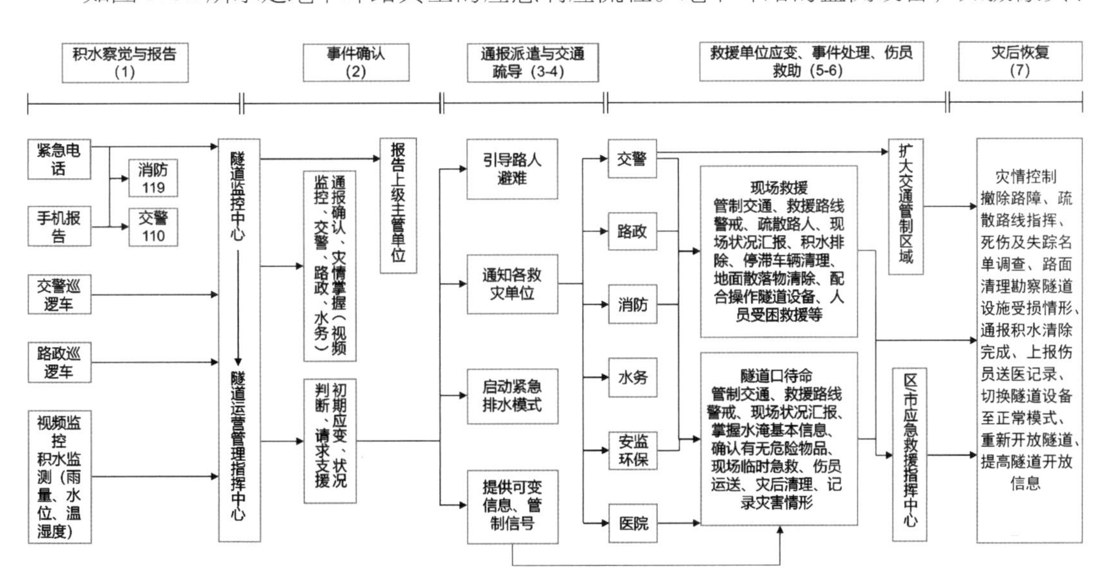

图 7. 32 地下环路应急响应流程

烟雾探测器、气体检测器等实时监测环路内的情况，由数据中心收集并分析这些信息（包括交通流量、气象数据、环境污染等）。在此基础上，使用智能算法分析监测数据，快速检测异常事件（如火灾、交通事故、恶劣天气等）。

自动将事件分类并识别，以确定事件的性质和严重程度。一旦检测到事件，自动化系统会生成警报并通知相关部门（如消防、公安、交管、城管部门等）。同时，系统向环路内外用户发送警报通知，以便他们采取安全措施。

地下环路应急指挥中心发起应急响应，并与其他部门的指挥中心进行协同。指挥中心根据事件性质调度相关资源（如消防队伍、警察、医疗服务等）。其中，交通管理部门根据事件情况实施交通管制，可能需要关闭某些入口或改变道路流向，确保安全通行和应急车辆的进出；或实施智能信号控制，以优化交通流量并减少拥堵。消防与救援部门快速响应火灾或其他紧急情况，使用地下消防系统进行扑救，同时可利用先进技术设备（如无人机或遥感技术）定位火源等。公安部门协助处理事故、疏导人群、维护秩序。城市管理部门负责协助清理事故现场，并确保环境安全。

各部门之间共享实时信息，确保各方均了解事件的发展和处置情况，不断更新事件信息，以便作出更好的决策。完成应急响应后，各部门进行事后评估，总结经验教训，改进应急计划和协同机制。

7.5 地下结构健康监测与设计应用

7.5.1 横沥岛地下环路结构本体安全风险分析

隧道结构健康监测，需分析结构本体风险状态，重点关注结构设计中应力大、变形大的关键结构不利部位和构件及其变化。

1. 结构承载力薄弱点

地下环路结构断面种类多，变化复杂，不同断面、不同部位的结构截面尺寸及受力特征不同，分析关键截面构件设计内力与极限承载力的比值，对安全余量较小的部位进行重点监测。

2. 结构大变形薄弱点

统计分析结构构件变形较大部位，如侧墙及顶、底板跨中，对构件变形接近正常使用极限状态的部位进行重点监测。

3. 设计参数敏感性分析

在地下工程结构的设计中，土水压力、岩土参数等设计参数和荷载难以准确获取，地面堆载等超载现象时有发生，宜对受力变形较大断面进行重点监测，进一步识别风险。

4. 结构渗漏水薄弱点

对变形缝部位的张开量、差异沉降及漏水情况进行重点监测。

7.5.2 横沥岛地下环路结构周边环境风险分析

对地下环路周边环境风险因素进行分析，应依据项目所涉及的外部风险源情况，有选择地进行资料收集与现场调研分析，针对收集到的资料信息进行风险分析。

1. 周边规划项目影响风险

明珠湾隧道（与大元路、金融大道交叉）位于地下环路上方。地铁线路（横穿新联路、新北路）位于本项目下方，需考虑公路隧道及地铁隧道开挖卸载对环路隧道结构的受力及变形影响并加强监测。跨河大桥（中轴涌、长沙涌、义沙涌跨河桥）规划在本项目之后施工，需考虑施工过程对环路隧道的影响。

2. 地面河道影响风险

场地内存在三条河道（长沙涌、义沙涌、中轴涌），河道宽度 1～5 m 不等，深度 1～3 m 不等，需考虑河道水位、河床变化对环路隧道结构的影响。

3. 地下管线影响风险

经征询与踏勘，场内除施工管线外，已无特殊需保护的管线。

4. 地质条件风险

本项目拟建场地属于可液化场地，液化等级为中等～严重，主要存在的不良地质为场区饱和砂土地震液化问题。

7.5.3 横沥岛地下环路隧道健康监测方案

7.5.3.1 地下环路地质条件及工程环境现状

1. 地质条件现状

(1) 拟建场地属抗震不利地段，抗震设防烈度为 7 度，属于可液化场地，液化等级为中等～严重，地震作用下可能会对结构产生不利影响。

(2) 拟建工程沿线地下水主要为孔隙潜水、承压水及岩层中的裂隙水，潜水水位变化受气候环境与地表径流影响显著。

(3) 本场地河涌地表水及地下水对混凝土结构具有微腐蚀。在长期浸水情况下，地下水对钢筋混凝土结构中的钢筋具有微腐蚀性；在干湿交替情况下，地下水对钢筋混凝土结构中的钢筋具有中等腐蚀性。

2. 工程环境及问题

(1) 地下人行通道、环路车行隧道、综合管廊共建，局部涉及过江隧道。南沙地铁2号线区间隧道的穿越共建问题，导致地下环路结构形式多变，加上受覆土厚度变化及路面交通荷载的影响，结构突变处受力可能处于不利状态。

(2) 穿越中轴涌水域和周边地块建设区域，结构横断面受力不均匀。

(3) 全线主要穿越软塑～流塑状的软黏土，工后固结沉降问题较为突出，加上受后期周边地块建设的影响，局部区段的差异沉降问题较为突出，可能诱发渗漏水等问题。

7. 5. 3. 2　隧道结构健康监测的目标

为保证隧道施工和运维管理过程中的结构安全，确保隧道结构安全健康服役，对可能的风险做到提前预判和自动报警，及时启动应急预案，需要对隧道进行智慧结构健康监测。智慧结构健康监测需要实现如下功能。

(1) 在隧道运维过程中，通过对隧道管节之间相对沉降的监测、隧道断面收敛变形的监测等，了解隧道基础的变形及稳定状态，实时监测，为运维管理单位提供及时、可靠的信息，对可能发生的隧道结构安全的隐患或事故提供及时、准确的预报，以便及时采取有效措施，避免事故的发生。

(2) 通过对隧道变形监测数据的分析及预测，为后续采取对应的运营维保措施提供可靠依据。运维期间，当监测数据超过预先设定的警戒值时，应报警并启动应急预案，同时加密监测频率。

(3) 监测的数据和资料能使运维管理单位和业主完全客观、真实地了解隧道的结构安全状态和质量程度，掌握隧道结构各主体部分的关键性安全和质量指标，确保隧道安全健康地运营。

(4) 监测数据和资料可以按照安全预警位发出报警信息，既可以对安全和质量事故做到防患于未然，又可以对各种潜在的安全和质量做到心中有数。

(5) 结合大数据分析技术，能对可能出现的各种预警值进行智慧智能分析，并自动采取相应的应急预案，实现自动报警。

(6) 监测数据和资料可以丰富运维管理人员和专家对类似工程的经验，有利于专家解决智慧隧道运维管理中所遇到的难题。

7. 5. 3. 3　系统架构设计

隧道自动化监测系统整体架构如图 7. 33 所示。该系统主要由监测仪器、数据采集设备、数据传输设备、数据处理计算机、云端服务器和客户端等部分构成。

现场监测仪器主要由各类传感器（如静力水准仪、裂缝计等）组成，数据传输设备

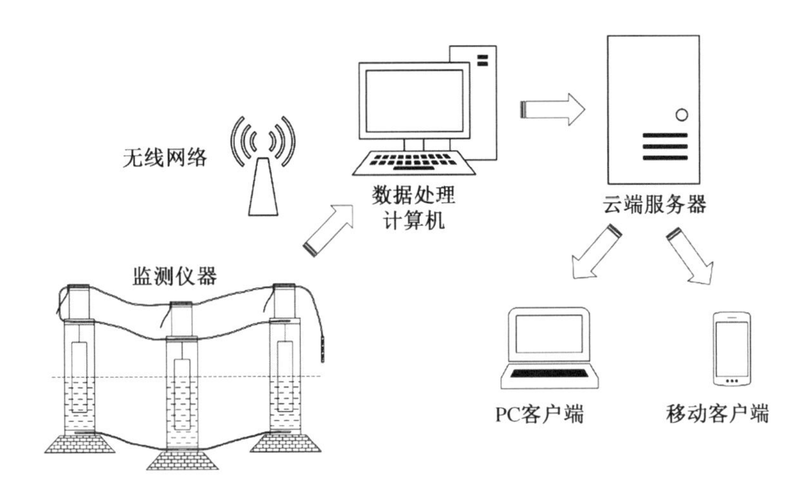

图 7.33　隧道自动化监测系统整体架构

通过 5G 模块经 Internet 网络将现场测得的数据上传至云端服务器。数据处理计算机将采集到的原始数据进行温度补偿、相对沉降计算、降噪除差，最终转换为所需的测点的相对沉降数据，经处理后的数据会上传至云端服务器，通过安装在个人计算机（PC）或是移动终端上的软件客户端可以实现对监测信息的实时查看。

7.5.3.4　隧道结构健康监测测点布置

1. 监测断面选择

依据工程类比、勘察设计资料分析，综合考虑地质条件、结构形式、潮汐荷载、周边环境影响等，共选取 12 个监测断面。监测断面及测点布置详见图 7.34 和表 7.4。

表 7.4　隧道结构健康监测断面及测点

断面编号	断面里程	断面类型	沉降	接缝张开	收敛变形
1	ZXK0 + 784	Ⅰ		2	1
2	ZXK0 + 596	Ⅰ		2	1
3	ZXK0 + 320	Ⅰ		2	1
4	ZXK0 + 100	Ⅰ		2	1
5	ZXK2 + 600	Ⅱ		2	2
6	ZXK2 + 492	Ⅱ		2	2
7	ZXK0 + 040	Ⅰ		2	1
8	ZXK2 + 170	Ⅱ		2	2
9	ZXK1 + 979	Ⅰ		2	1
10	ZXK1 + 528	Ⅱ		2	2

（续表）

断面编号	断面里程	断面类型	沉降	接缝张开	收敛变形
11	ZXK1 + 200	Ⅰ		2	1
12	ZXK1 + 040	Ⅰ		2	1
总计			120	24	16

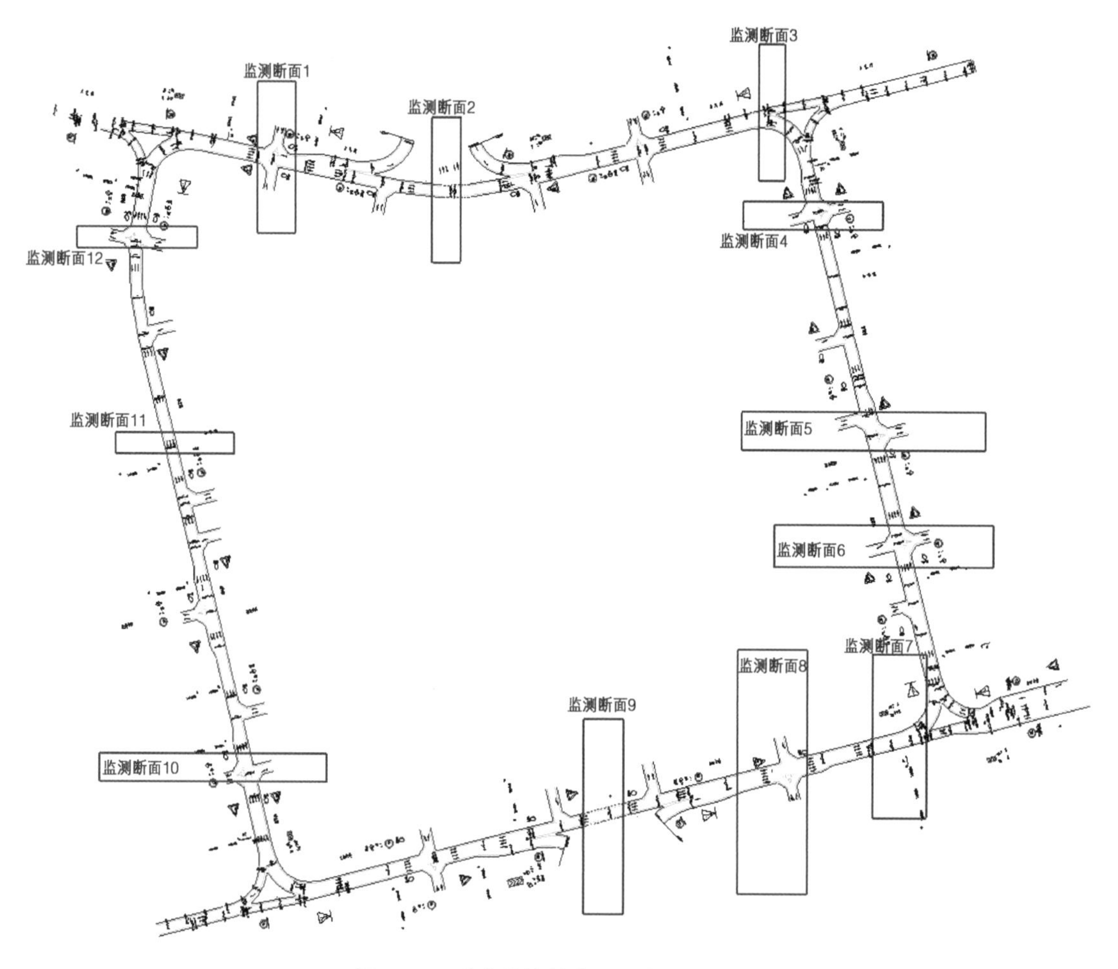

图 7.34　隧道结构健康监测断面及测点

（1）地质条件（土层类型）：结构穿越土层软硬分布不均，导致结构后期容易发生不均匀沉降，引起结构受力不均、地表塌陷等问题。选取典型穿越土层，布设监测断面 2 个（DM-3、DM-7）。

（2）结构形式：地下环路与地下广场，管廊、大型商业中心等多个结构相互约束、协调，导致地下环路的结构断面复杂多变。选取变截面结构为典型断面，共布设监测断面

6个（DM-1、DM-5、DM-6、DM-8、DM-10、DM-12）。

(3) 潮汐荷载：地下环路2次下穿中轴涌，河流潮汐水位引起水压反复变化易对结构产生疲劳应力。选取中轴涌处布设监测断面2个（DM-4、DM-11）。

(4) 周边环境影响：地下环路下穿公路隧道，公路隧道车辆荷载产生的振动可能对环路结构产生不利影响。选取监测断面2个（DM-2、DM-9）。

重点进行沉降、断面收敛及接缝张开三大关键指标监测。

7.5.3.5　隧道结构健康监测安全警戒标准及预警方案

隧道结构监测安全警戒标准总体可分为四级，具体的警戒等级见表7.5。

表7.5　隧道结构监测安全警戒标准

监测指标	一级	二级	三级	四级
沉降	＜5 mm	5 mm≤沉降＜10 mm	10 mm≤沉降＜15 mm	15 mm≤沉降
断面收敛	＜5 mm	5 mm≤收敛＜10 mm	10 mm≤收敛＜15 mm	15 mm≤收敛
接缝张开	＜0.1 mm	0.1 mm≤裂缝＜0.15 mm	0.15 mm≤裂缝＜0.2 mm	0.2 mm≤裂缝
倾角	＜0.3°	0.3°≤倾角＜0.5°	0.5°≤倾角＜1°	1°≤倾角

监测点预警方案如下：

(1) 监测点预警及巡视预警根据本工点现场监测数据及现场巡视情况，由数据处理分析工程师按表7.4监测安全警戒标准判定。

(2) 综合预警建议由数据处理及分析工程师会同项目咨询工程师、项目经理及项目内部专家组综合判断，主要分析流程如下：

① 根据内部监测点预警及巡视预警情况，数据处理及分析工程师会同咨询工程师对施工监控信息、监理巡视信息进行综合分析，并进行初步判断，原则为：a. 单项监测点预警或巡视预警达到红色预警状态；b. 监测预警与巡视预警达到黄色预警状态以上、综合预警状态以下，但判断其组合风险较大；c. 监测预警或巡视预警虽介于黄色预警状态以上、综合预警状态以下，但根据工程经验判断可能有较大安全风险。

② 如经数据处理工程师会同咨询工程师认为达到综合预警状态之后，应立即提交项目总工、项目经理、项目专家组会商分析，通过深入分析数据信息情况、现场核查、专家讨论等形式进行会商，形成结论意见。

7.5.3.6　隧道结构健康监测仪器设备

1. 纵向不均匀沉降

纵向不均匀沉降监测采用BGK-4675-100型静力水准仪，如图7.35所示。BGK-

4675-100 型静力水准仪适合于要求高精度监测垂直位移或沉降的场合，高精度的振弦式液位传感器最低可监测到 0.025 mm 的高程变化。系统由一系列含有液位传感器的容器组成，容器间由充液管互相连通。参照点容器安装在一个稳定的位置，其他测点容器位于同参照点容器大致相同标高的不同位置，任何一个测点容器与参照容器间的高程变化都将引起相应容器内的液位变化，从而获取测点相对于参照点高程的变化。静力水准仪主要技术指标见表 7.4。

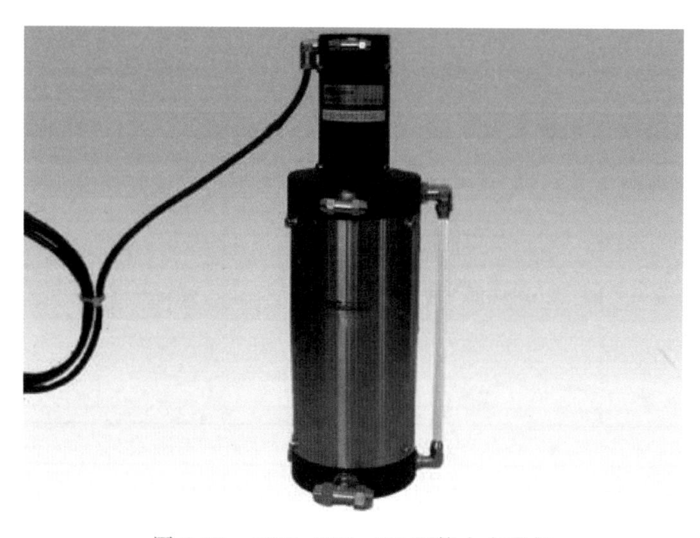

图 7.35　BGK-4675-100 型静力水准仪

表 7.4　静力水准仪主要技术指标

内容	技术指标	内容	技术指标
测量范围	100 mm	传感器灵敏度	0.025% FS
传感器精度	±0.1% FS	温度范围	-20～+80 ℃（使用防冻液）

2. 水平位移导致接头部位的张拉

隧道管段接头张开量监测可以采用 BGK-4420-25 表面式测缝计，如图 7.36 所示。BGK-4420-25 表面式测缝计安装在建筑物表面，用于监测结构裂缝和接缝的开合度。内置的温度传感器可同时监测安装位置的温度，两端的球形万向接头允许一定程度的剪切位移。由专用的 4 芯屏蔽电缆传输频率和温度电阻信号，频率信号不受电缆长度的影响，适合在恶劣的环境下长期监测建筑物的裂缝变化。用自动数据采集器可从混凝土外的传感器电缆上采集到位移数据。表面式测缝计主要技术指标见表 7.6。

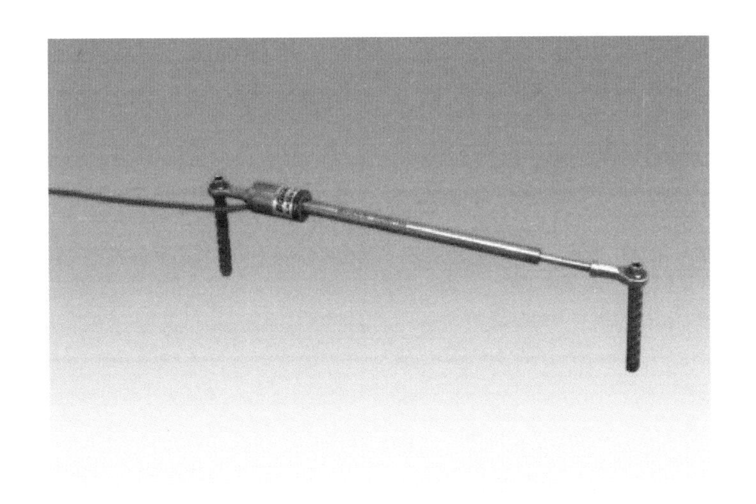

图 7.36 BGK-4420-25 表面式测缝计

表 7.6 表面式测缝计主要技术指标

内容	技术指标	内容	技术指标
标准量程	25 mm	耐水压	可按客户要求定制耐 0.5 MPa、2 MPa 或其他水压
非线性度	直线：≤0.5% FS； 多项式：≤0.1% FS	标距	依量程而定
灵敏度	0.025%FS	直径	12 mm（柱身）/25 mm（线圈）
温度范围	－20～＋80 ℃		

7.6 本章小结

本章紧密围绕横沥岛尖地下基础设施工程自身特点和需求，以解决问题和工程应用为导向，开展智慧化体系规划和新技术适应性应用研究，为区域地下基础设施智能化建设提出整体规划和建设策略。

针对地下环路的交通问题，提出了包括车辆驶入环路、驶入驶出地块至驶出环路全过程的智慧交通网管控方案，同时通过开展隧道交通全息感知、交通流态势研判分析等关键技术研究工作，为后续地下环路精细化、科学化交通管控提供了基础。

系统梳理了国内外室内定位技术现状，通过综合比选为横沥岛尖提出了一套包含射频矩阵基站车行定位和音频基站人行定位的方案组合，形成了近期可落地应用的定位与导航技术方案。

在现有隧道火灾自动报警系统基础上，增加了早期烟雾探测及联动控制、隧道火灾场重构及态势评估两大智慧功能模块，可有效增强隧道火灾发现、救援和控制能力，提升隧道整体防灾减灾水平。

通过系统分析横沥岛尖地下环路本体结构及周边环境风险因素，形成了有针对性的结构健康监测方案；同时对地下结构健康状态作评价，为后续地下环路全生命周期结构健康监测、评价奠定了基础。

参考文献

[1] 程光华，王睿，赵牧华，等. 国内城市地下空间开发利用现状与发展趋势 [J]. 地学前缘，2019，26 (3)：39-47.

[2] 彭芳乐，乔永康，程光华，等. 我国城市地下空间规划现状、问题与对策 [J]. 地学前缘，2019 (3)：57-68.

[3] 油新华，何光尧，王强勋，等. 我国城市地下空间利用现状及发展趋势 [J]. 隧道建设（中英文），2019，39 (2)：173-188.

[4] 柯善北. 重塑城市有机体提升城市安全韧性《关于加强城市地下市政基础设施建设的指导意见》解读 [J]. 中华建设，2021 (4)：6-7.

[5] 新华网. 中国全面建设地下综合管廊开启“地下管线革命 [EB/OL]. [2015-07-31]. http：//www. xinhuanet. com/politics/2015-07/31/c _ 1116107711. htm.

[6] 刘艺，朱良成. 上海市城市地下空间发展现状与展望 [J]. 隧道建设（中英文），2020，40 (7)：941-952.

[7] 卢济威，陈泳. 地下与地上一体化设计：地下空间有效发展的策略 [J]. 上海交通大学学报，2012，46 (1)：1-6.

[8] 张一航，温禾，郑丹. 综合管廊与地下基础设施一体化建设现状及技术要点研究 [J]. 建筑结构，2020，50 (23)：138-141，113.

[9] 童林旭. 中国城市地下空间的发展道路 [J]. 地下空间与工程学报，2005 (1)：1-6.

[10] 交通运输部. 2020 年交通运输行业发展统计公报 [N]. 中国交通报，2021-05-19 (002).

[11] 陈才君，柳展，钱小鸿，等. 智慧交通 [M]. 北京：清华大学出版社，2015.

[12] 张毅，姚丹亚. 基于车路协同的智能交通系统体系框架 [M]. 北京：电子工业出版社，2015.

[13] 施巍松，孙辉，曹杰，等. 边缘计算：万物互联时代新型计算模型 [J]. 计算机研究与发展，2017，54 (5)：907-924.

[14] 陶飞，刘蔚然，刘检华，等. 数字孪生及其应用探索 [J]. 计算机集成制造系统，2018，24 (1)：1-18.

[15] 孟小峰，慈祥. 大数据管理：概念、技术与挑战 [J]. 计算机研究与发展，2013，50 (1)：146-169.

[16] 田静，贾小娟. 智慧管廊综合管理平台的建设及应用 [J]. 测绘与空间地理信息，2022，45 (2)：161-162.

[17] 梁仕贤，羊保品．物联网技术在综合管廊智慧化中的应用研究［J］．智能建筑与智慧城市，2022（2）：167-170.

[18] 汪小波，暴雨，李开华．一种综合管廊智慧运维管理平台体系架构的研究［J］．现代计算机，2022，28（1）：109-116.

[19] 李应来，潘竹．BIM技术在智慧管廊平台的应用研究［J］．山西建筑，2021，47（18）：182-185.

[20] 童丽闺，杨浩．基于物联网与GIS的地下综合管廊环境监测系统［J］．测绘与空间地理信息，2017，40（11）：151-152，156.

[21] 蒋世峰．浅谈城市综合管廊运维管理系统建设思路［J］．计算机产品与流通，2018（4）：232，234.

[22] 熊泽祝，吴寰．城市更新中的智慧化应用［J］．建筑电气，2020，39（9）：123-127.

[23] 丁志庆，周文，郭燕燕，等．城市地下空间信息管理关键技术研究与应用［J］．测绘与空间地理信息，2021，44（8）：129-131.

[24] 路金霞，张亮，刘奔．大型地下空间智慧运营管理研究［J］．建筑技术开发，2020，47（4）：113-115.

[25] 周峻岭，夏海山，吴尧．地下空间智能化运营管理平台研究［J］．建筑经济，2021，42（2）：114-117.

[26] 李荣，陶留锋，吴濛．城市地下空间信息化现状及发展趋势［J］．测绘与空间地理信息，2020，43（7）：45-47，51.

[27] 张晓宇．城市地下综合管廊运维管理平台构建研究［D］．沈阳：沈阳建筑大学，2020.

[28] 赵艳莉．德国科隆市停车诱导系统［J］．国际城市规划，2002（3）：45-46.

[29] 梁浙琦，朱宁嘉．日本柏市智能交通系统战略研究［J］．科技视界，2015（2）：157-158.

[30] 宋媚琳．智能停车库车位引导系统的最优路径模型研究［D］．上海：上海交通大学，2013.

[31] 王建伟．城市停车管理的思考：新加坡考察的启示［J］．观察与思考，2012（12）：73-74.

[32] 李军伟．大型地下停车场综合管理系统的设计与研究［D］．济南：山东建筑大学，2017.

[33] 杨芳．CBD停车行为模式与引导系统优化研究与实践［D］．长沙：长沙理工大学，2010.

[34] 陶灵犀．中心城区城市停车解决方案思考［J］．城市道桥与防洪，2021（3）：25-27，31.

[35] 张明慧，史小辉．城市智慧停车解决方案及应用实例［J］．物联网技术，2020，10（4）：36-40.

[36] Liao T Y, Hu T Y, Ho W M . Simulation studies of traffic management strategies for a long tunnel［J］. Tunnelling and Underground Space Technology Incorporating Trenchless Technology Research, 2012, 27（1）：123-132.

[37] Tympakianaki A, Koutsopoulos H N, Jenelius E . Anatomy of tunnel congestion：Causes and implications for tunnel traffic management［J］. Tunnelling and Underground Space Technology, 2019, 83：498-508.

[38] 赵树平. 高速公路隧道拥堵成因及疏解方法研究 [D]. 成都：西南交通大学，2019.
[39] 中华人民共和国公安部. 道路交通拥堵度评价方法：GA/T 115—2020 [S]. 北京：中国标准出版社，2020.
[40] Aftabuzzaman M. Measuring traffic congestion-A critical review [C] //30th Australasian Transport Research Forum，2007.
[41] 张婧. 城市道路交通拥堵判别、疏导与仿真 [D]. 南京：东南大学，2016.
[42] 中华人民共和国国家质量监督检验检疫总局，中国国家标准化管理委员会. 城市交通运行状况评价规范：GB/T 33171—2016 [S]. 北京：中国标准出版社，2016.
[43] 王尧. 城市道路交通拥堵评价与判定方法研究 [D]. 北京：北京工业大学，2014.
[44] 姜原庆. 港珠澳大桥火灾系统自动灭火技术研究与应用 [J]. 中国港湾建设，2020 (1)：61-63.
[45] 李周雨. 基于 BIM 的港珠澳大桥三维监控系统设计与实现 [J]. 电子世界，2017 (19)：111-112.
[46] 叶卿，金照，邵源，等. 城市智慧道路的设计与实践 [C] //2018 年中国城市交通规划年会，2018.
[47] 中国移动. 室内定位白皮书 [R]. 2020.
[48] 裴凌，刘东辉，钱久超. 室内定位技术与应用综述 [J]. 导航定位与授时，2017，4 (3)：1-10.
[49] 杨超超，陈建辉，刘德亮，等. 室内无线定位原理与技术研究综述 [J]. 战术导弹技术，2019，198 (6)：105-113.
[50] 中兴通讯股份有限公司等. 5G 室内融合定位白皮书 [R]. 2020.
[51] 施洪乾. 高速公路隧道群交通事故指标体系及方法研究 [D]. 成都：西南交通大学，2009.
[52] 陈桂福. 福建山区高速公路隧道行车安全研究 [D]. 福州：福建农林大学，2014.
[53] 刘壮. 基于熵权 TOPSIS 的高速公路隧道运营安全性评价 [J]. 公路交通技术，2017，33 (1)：107-110.
[54] 王新宇. 山区高速公路隧道营运安全评价研究 [D]. 重庆：重庆交通大学，2016.
[55] 周娜. 高速公路隧道群交通运行环境分析与评价研究 [D]. 西安：长安大学，2010.
[56] 戴忱华. 高速公路隧道路段驾驶行为特性及其风险评价研究 [D]. 上海：同济大学，2011.
[57] 周游游. 基于 ZigBee 无线传感器网络的隧道结构健康监测系统设计 [D]. 上海：华东理工大学，2015.
[58] 梁斯铭，谢长岭，蒋儿，等. 分布式光纤技术在隧道变形监测中的应用 [J]. 隧道建设（中英文），2020，40 (S1)：436-443.
[59] 张鸿斌. 对公路隧道智能运维系统的探讨与研究 [J]. 现代工业经济和信息化，2020，10 (7)：83-84.
[60] 张浩. 物联网环境下智能交通系统模型设计及架构研究 [D]. 北京：北京交通大学，2011.
[61] 楼如岳. 悉尼海底隧道工程 [J]. 地下工程与隧道，1994 (2)：46.

[62] 阙大顺. 车辆检测器及其发展研究 [J]. 交通与计算机，1999 (2)：37-40.

[63] 吴五星. 瑞典国家公路的养护与管理 [J]. 湖南交通科技，2003 (1)：48-50.

[64] 黄山，吴振升，任志刚，等. 电力智能巡检机器人研究综述 [J]. 电测与仪表，2020，57 (2)：26-38.

[65] 郑一梅，陈真有，陈帆，等. 港珠澳大桥珠海口岸Ⅱ标段项目 BIM 技术应用研究 [J]. 施工技术，2017，46 (16)：106-109.

[66]《中国公路学报》编辑部. 中国交通工程学术研究综述·2016 [J]. 中国公路学报，2016，29 (6)：1-161.

[67] 戎贤，张晓巍，孙子正，等. 公路隧道智能火灾应急与疏散体系结构 [J]. 隧道与地下工程灾害防治，2020，2 (3)：23-29.

[68] 游克思，罗建晖，刘艺. 城市地下道路智慧化建设思考 [J]. 中国市政工程，2021 (4)：8-11，103-104.

[69] 梁睿中，游克思，罗建晖. 复杂地下道路智慧化提升体系与应用设计研究——以广州南沙横沥岛尖为例 [J]. 中国建设信息化，2022 (12)：63-65.

[70] 肖宁，孙培翔，刘艺. 城市地下基础设施一体化综合管理平台设计实践 [J]. 中国建设信息化，2022 (11)：70-71.

[71] 占辉. 一体化开发片区的智慧停车系统设计研究 [J]. 交通与运输，2022，38 (5)：75-78.

[72] 陈真莲. 基于片区开发的城市地下公共空间一体化开发模式思考 [J]. 城市道桥与防洪，2022 (7)：215-218，26-27.

[73] 孙培翔，游克思，罗建晖. 上海城市地下道路智慧化建设的探索 [J]. 交通与运输，2020，33 (S2)：247-252.

[74] 尹富秋，孙培翔，游克思，等. 地下道路智慧化分级研究综述 [J]. 交通与运输，2022，38 (2)：67-72.

[75] 张海城. 智慧地下道路系统总体平台设计研究 [J]. 城市道桥与防洪，2021 (3)：137-139，142，19-20.

[76] 柴浩，张志鹏，游克思，等. 雷达视频联合检测技术在北横通道的应用研究 [J]. 交通与运输，2021，37 (6)：54-58.